陈李波　徐宇甦　刘贵然　刘雪莹　著

Ballad of the desolate village
— Bazigou of Dawu County

红色记忆：传统村落历史、形态与文化研究丛书

断壁残垣的诗意

——大悟八字沟

武汉理工大学出版社

图书在版编目（CIP）数据

断壁残垣的诗意：大悟八字沟 / 陈李波等著 . — 武汉 : 武汉理工大学出版社，2018.8
ISBN 978-7-5629-5733-1

Ⅰ . ①断… Ⅱ . ①陈… Ⅲ . ①民居－建筑艺术－研究－湖北 Ⅳ . ① TU241.5

中国版本图书馆 CIP 数据核字（2018）第 179640 号

项目负责人：杨　涛
责 任 编 辑：余晓亮
责 任 校 对：张　晨
书 籍 设 计：杨　涛
出 版 发 行：武汉理工大学出版社
社　　　址：武汉市洪山区珞狮路 122 号
邮　　　编：430070
网　　　址：http://www.wutp.com.cn
经　　　销：各地新华书店
印　　　刷：武汉精一佳印刷有限公司
开　　　本：880 × 1230　1/16
印　　　张：11.5
字　　　数：214 千字
版　　　次：2018 年 8 月第 1 版
印　　　次：2018 年 8 月第 1 次印刷
定　　　价：298.00 元

凡购本书，如有缺页、倒页、脱页等印装质量问题，请向出版社市场营销中心调换。
本社购书热线电话：027-87515778　87515848　87785758　87165708（传真）

总 序

陈李波

2018年3月

大别山位于鄂豫皖三省交界处，在中国红色文化发展史上占据重要地位。自1927年黄麻起义开辟柴山保革命根据地至中华人民共和国成立，大别山始终是中国红色政权核心地区之一，享有“四重四地”之美誉。

大别山区传统村落星罗棋布，红色文化基因赋予传统村落丰富的历史、艺术、生活与情感等价值，正是这些基因与价值造就了这些村落独具魅力的村落布局、空间形态与生活情境。然而作为集中成片特困地区之一，大别山区发展滞后，众多传统村落濒临瓦解，精神凝聚力丧失，传统“古村落”成为当下“穷村落”。

如何在国家政策的引导下，凭借大别山红色文化线路，以线路带发展、以文化促创新，传承这些村落的文化价值与精神内涵，激发其内在活力，实现其在新时期下的文化传承与复兴，便成为当下亟待解决的重要课题。

事实上，传统村落作为宝贵的“另一类文化遗产”[①]，其重要性已经不言而喻，关于其保护与发展的话题也成为研究热点。然而总体而言，目前有关的研究存在以下不足：

一是重保护，轻发展。与历史文化村镇不同，传统村落在规划上自由度更大，在“被动保护”与“主动发展”两者之间的余地也更多。然而，现今研究多将传统村落置于历史文化村镇保护体系内，照搬后者标准去评判前者，不仅使传统村落保护体系僵化，也扼杀了其发展的多种潜能。

二是重外力，轻潜能。即：重外在输血扶贫，轻内在立志复兴。忽视对贫困群众主动性的激发，缺乏对“就近就业”与“人才回流”重要性的认识，而以旅游线路为其代表现象，用消费来“拯救”沿线村落文化。诚然，旅游可先导先行，但并不意味着旅游就是传统村落的唯一发展方向。

---

① 冯骥才. 传统村落的困境与出路——兼谈传统村落是另一类文化遗产[J]. 民间文化论坛，2013（1）：7-12.

三是重传承，轻创新。过分强调红色文化的传承性，却忽视其带动力与结合力，以及其在当下的价值增值与转化潜力。红色文化线路、传统村落文化传承有其共性，但因其外在推力与内在动因不同，发展应各具个性，应有针对性地去挖掘。

四是重理论，轻实证。传统村落是孕育红色文化的土壤，是传承革命精神活的家园，更是扶贫攻坚的阵地。但现今传统村落研究偏重理论，实证研究相对滞后，个案研究不足20%。

有鉴于此，本丛书在编写过程中，首先尝试性提出"大别山红色文化线路"的概念。通过红色文化线路的方式明确红色文化在线路中的本体地位，挖掘革命精神在沿线村落发展中的带动效应，以线串点、以线扩面，为大别山传统村落的系统研究、扩展研究提供一个全新的视角，这在先期出版的《静谧古村——大悟传统村落（九房沟、八字沟与双桥镇）》中，便有着明显之体现。

其次，本着系统挖掘、抢救性挖掘传统村落文化物质遗产的目的，以大别山红色文化线路为基线，以历史事件为脉络，通过详尽的田野考察，系统挖掘沿线传统村落的多元价值，抢救整理红色文化物质遗产，建立传统村落图文档案，并且在行文中探讨性地归纳传统村落的发展方向与模式，从而将大别山传统村落保护与发展落到细处，落到实处。

当前，国家相继出台的《"十三五"脱贫攻坚规划》（2016）与《中共中央、国务院关于深入推进农业供给侧结构性改革加快培育农业农村发展新动能的若干意见》（2017）等政策文件，均不同程度关注大别山传统村落发展问题；同时，湖北、河南与安徽三省为贯彻《国务院关于大别山革命老区振兴发展规划的批复》（2015）精神，也陆续出台相应实施方案或实施意见。如何在这些政策的指引下，将传统村落的保护与发展落到实处，如何把握这些契机，将传统村落的艺术与文化价值、发展潜力充分挖掘出来，是摆在我们这些从事理论研究与实践工作的同仁面前的头等大事，这便是本丛书编纂的初衷与期许！

本丛书所选取的案例绝大部分是基于现场测绘和调研的第一手资料，并参阅和考察了大量的历史档案与图纸。虽然传统村落大部分建筑仍然存在，但保存状况堪忧，甚而有些建筑，即便是遗址都很难探寻。然而庆幸的是，保留和遗存的这些建筑已能构建起传统村落历史、形态与文化的大致轮廓，至少在景象层面可为我们保留传统村落的历史面貌与特征，这也是笔者编写此丛书的动力所在、兴趣所在。

本丛书的图纸基础相当一大部分来源于笔者工作的武汉理工大学建筑系长期以来的对传统村落调查与测绘的成果，没有这些老师、学生持之以恒地对传统村落的调查、探寻、测绘与研究，本书断难成篇。此外，还要感谢在写作过程中帮助我们的同事与朋友，当然还要感谢曾经指导的学生们，如研究生曹功、眭放步、卢天、王凌豪以及历史建筑与测绘的建筑学本科生，正是他们不辞辛苦地为丛书编写提供了丰富珍贵的图片资源，并参与绘制大量建筑图，这些使得本书案例添色不少。另外还要感谢武汉理工大学出版社的编辑同志，正是他们的努力促成本书的出版，感谢他们对我们的支持与理解。在此，谨向上面所提及的所有人表示最衷心的感谢和最崇高的敬意。

目录

绪论

大别山位于鄂豫皖三省交界处，在中国红色文化发展史上占据重要地位。自1927年黄麻起义开辟柴山保革命根据地至中华人民共和国成立，大别山始终是中国红色政权核心地区之一，享有“四重四地”之美誉。

大别山区传统村落星罗棋布，红色文化基因赋予传统村落丰富的历史、艺术、生活与情感等价值，正是这些文化基因与多元价值造就了这些传统村落独具魅力的村落布局、空间形态与生活情境（表0-1）。

表0-1　湖北红色文化历史遗迹（建筑类）一览表①

县	镇	建筑名称	地址
红安县	七里坪镇	黄麻起义会议遗址	和平街
		七里坪革命法庭旧址	和平街64、65号
		秦绍勤烈士就义纪念地	东后街26号
		七里坪长胜街革命遗址群	长胜街
		中共七里区委会旧址	桥头岗
		列宁市②列宁小学旧址	列宁小学院内
		列宁市彭湃街遗址	河街1号
		列宁市杨殷街旧址	长胜街132号
		鄂豫皖特区苏维埃政府旧址	镇王锡九村
大悟县	宣化店镇	中原军区司令部旧址	镇南端，原为宣化店商会公寓
		周恩来与美蒋谈判旧址	旧址为“湖北会馆”
		中原军区首长旧居	中原军区司令部旧址南60m
		李先念旧居	中原军区司令部旧址南80m
	丰店镇	传统村落九房沟	桃岭村

大别山一带以红色文化闻名，研究大别山区传统村落，势必要研究红色文化对其造成的影响。在大别山红色文化发展历程中，由关键历史事件活动（发展）的标志性节点连接而成的文化线路共有3条，依次为：土地革命时期鄂豫皖苏区建立；抗日战争时期新四军第五师活动；解放战争时期刘邓大军挺进大别山。

① 未作说明者，图片、表格皆为自绘、自摄。

② 七里坪镇曾被命名为“列宁市”。

大悟县在大别山红色文化第二条路线（新四军第五师活动）中，是鄂豫皖路线的核心地带，是整个红色路线的枢纽，受大别山红色文化影响较深远（表0–2）。

表0–2　传统村落考察路线详表

省域	红色文化第二条线路（新四军第五师活动）		中国传统村落	交通路线
湖北	黄冈市	蕲春县	向桥乡狮子堰村	武汉→黄冈西（动车）D6235
	孝感市	大悟县	芳畈镇白果树湾村	武汉→孝感北（高铁）G856
			宣化店镇铁店村八字沟	
			丰店镇桃岭村九房沟	
			城关镇双桥村	
	武汉市	黄陂区	木兰乡双泉村大余湾	武汉宏基客运站→黄陂中心客运站（公交，约2h）

大悟县是全国著名的革命老区、鄂豫皖革命根据地的腹心地带，具有光荣的革命历史。大悟县自1955年以来，被授予将军军衔人数多达37人（表0–3），故也称“将军县”，是名副其实的将军之乡。许多革命前辈曾在大悟这片土地上奋斗过。周恩来、董必武、李先念、徐向前等党和国家领导人曾在大悟留下光辉的战斗足迹。大悟也是民国大总统黎元洪的故乡。

表0–3　大悟县开国将军一览表

军衔	姓名	人数	备注
大将	徐海东	1人	军事家
中将	周志坚、聂凤智、程世才	3人	
少将	方毅华、邓绍东、石志本、叶建民、田厚义、宁贤文、伍瑞卿、刘何、刘华清、孙光、严光、李长如、吴杰、吴永光、吴林焕、何光宇、何辉燕、张国传、张宗胜、张潮夫、金绍山、周明国、郑本炎、赵文进、姚运良、高林、席舒民、黄立清、韩东山、董志常、谢甫生、雷绍康、颜东山	33人	刘华清（1988年被授予上将军衔）

大悟县位于湖北省东北部，地处大别山脉西部，东与红安县及河南省新县接壤，西邻广水市，南邻孝昌县及武汉市黄陂区，北靠河南省信阳、罗山两县。地处东经114° 02′ ~114° 35′，北纬31° 18′ ~31° 52′。东西相距42.4km，南北相距43.8km，总面积1985.71km^2。

大悟县地貌以丘陵山地为主，以北部五岳山、西部娘娘顶、东部仙居山、南部大悟山四大主峰构成地貌的基本骨架，依山势县域西部由北向南、中部和东部由中间向南北缓降，地形分为低山、丘陵、平畈三种基本类型。县境内水系纵横，库塘密布。境内有澴水、滠水、竹竿河三大主要河流，共有大小支流324条。澴水、滠水南流入汉水，竹竿河北注入淮水。

大悟县属亚热带季风性气候。四季分明，雨量充沛，日照充足。年平均气温15℃，年平均降水量在1140mm左右。全年无霜期为227~242天，其分布南长北短，南北相差约15天。

据《大悟县志》记载，大悟历史沿革久远，名称更替频繁（表0–4）。

表0–4　大悟历史沿革

时代	历史沿革	
北朝/周	因北周设安陆郡，部分贵族向南迁徙	
隋	开皇九年（589年）	以县境内礼山为名，设礼山县
唐	唐初废县名	
清	清康熙二年（1663年）	境域分属罗山、黄陂、孝感、黄安两地四县管辖
民国	1930—1932年	中国共产党先后在境内设罗山、陂孝北、河口三县苏维埃政权
	1933年	国民党设礼山县，属湖北省第四行政督察区
	1936年	改属第二行政督察区
	1939年	改属鄂东行署
	1942年初—1945年9月	中共鄂豫边区党委、鄂豫边区行政公署及新四军第五师司政机关进驻大悟山区，先后设安礼县、罗礼应县、礼南县三个抗日民主政府
	1946年1月—6月26日	中原突围，中共中央中原局先后在境内建立礼山自治县民主政府、礼山县民主政府、礼山县爱国民主政府
1949年后	1949年4月6日	礼山县全境解放
	1949年10月1日	中华人民共和国成立，礼山县爱国民主政府改称礼山县人民政府，隶属湖北省孝感专员公署
	1952年9月10日	改称大悟县

第一章　形成与变迁

题记：一座古城，总是承载着太多的往事。斑驳的石墙，印染出浅浅淡淡的哀伤；雕花的老窗，仿佛还是明清时温婉的模样。小镇上的人们，淳朴善良，叙述着这座老城历经的更迭与沧桑。白驹过隙，日月如梭。随着时代的前进，隐藏在深山的古居被淡忘在人们的视线之中，淹没在钢筋水泥之间。八字沟记载着劳苦人民的劳动精神，镌刻着古朴的精湛艺术。她又一次向人们浓墨重彩地勾勒出一幅锦绣画卷。

八字沟民居位于湖北省孝感市大悟县北部宣化店镇的铁店村。大悟县位于鄂东北部，地处大别山西端南麓，北与河南交界，属于鄂豫边区。八字沟民居是大别山地区保留较为完整的晚清传统民居建筑群落之一。八字沟民居建筑群落平面布局因地制宜，周边自然景观优美（图1-1）。2008年八字沟民居被列为湖北省第五批省级文物保护单位，2012年入选第一批中国传统村落名录。

一

八字沟民居是大别山地区保留较为完整的晚清传统民居建筑群落之一，南北长63m，东西长51m，占地面积约3000m^2，共14个天井院落，规模宏大，独屋成村。八字沟民居于光绪十五年（1889年）建成，距今已有129年历史，它是一处相对独立的按血缘关系形成的家族聚居地。八字沟民居演绎并记录着近130年来，曾居此地的华氏家族的兴衰历程和当地的人文、社会、环境等历史信息，具有一定的历史价值。

八字沟民居山墙铭文砖如图1-2所示，砖面雕刻有文字"光绪十五年易司夫造"，相传为建造工匠所刻。另外两字由于字体不符，疑为后人私自雕刻。

图1-1　八字沟民居全貌

图1-2　八字沟民居山墙铭文砖

二

由于年代久远，清代以前该地景物如何已经无从考证，据《华氏宗谱》记载，生于雍正丙午年间的华氏后人华启高是八字沟的第一代华氏族人，宗谱记载其迁居于河南省罗山县姚家畈村八字沟，即今湖北省孝感市大悟县宣化店镇铁店村八字沟湾居住。另据华氏后人描述，其祖先华启高从江西沿途讨饭来到八字沟，发迹后在八字沟建造房屋，现存规模古宅均为其后人所建，从光绪十三年（1887年）筹建到光绪十五年（1889年）完工，历时三年（表1-1）。

表1-1　八字沟变迁历史沿革

时间	历史沿革
民国初年（1912年）至1950年	八字沟民居群落作为华氏宗族聚居地，格局保存较为完整
20世纪50年代	八字沟民居群落被分配给多户村民，各家开始修建内部隔墙，但是传统的院落形式空间格局并未有大的改变
20世纪70年代	八字沟民居的屋脊吻兽以及屋檐彩绘、浮雕等多处遭到破坏，有些被砸掉，有些被泥土糊面
20世纪90年代	八字沟民居内多数村民已经迁出或者搬入城里居住，除少数村民以及老人仍在此居住外，多数民居院落均闲置
2008年3月	大悟县宣化店镇八字沟民居被列为湖北省文物保护单位（图1-3）
2012年12月	大悟县宣化店镇八字沟被列入“中国传统村落名录”（第一批，共646个古村落）

八字沟民居建置沿革见表1-2。

表1-2　八字沟民居建置沿革

时期	时间	事件
发展时期	1887年以前	华氏族人华启高由江西漂泊至八字沟，发迹后在此安家（图1-4）
兴盛时期	1887—1949年	华启高后人选址兴建八字沟民居，历时三年完工，形成了一个功能完善、布局合理的家族型民居聚落
衰落时期	20世纪50年代	中华人民共和国成立后，八字沟民居群落被分配给多户村民居住，村民根据自身需要自行修建内部隔墙或额外搭建，虽然对八字沟民居建筑群整体风貌有一定影响，但八字沟民居的传统平面格局、院落形式和空间尺度并没有太大改变
	20世纪70年代	八字沟民居建筑的屋脊吻兽和屋檐彩绘、浮雕等多处遭到破坏，外墙被写上标语、口号等，部分建筑被拆毁，八字沟民居的整体格局受到破坏
	20世纪90年代	八字沟民居群落内多数村民已搬出，除少数老人仍在此居住外，多数院落均闲置，个别建筑被拆掉重建为砖混结构房屋
	现今	八字沟民居西南角和西北角由于风雨侵蚀、年久失修破损严重，部分屋面完全坍塌，外墙严重损毁，仅剩墙基

图1-3　湖北省文物保护单位

图1-5所示为华氏宗谱记录。

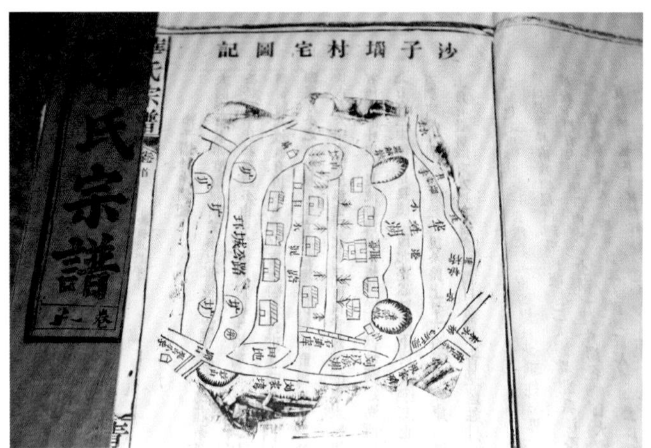

图 1-4　华氏宗谱记录的八字沟地理位置

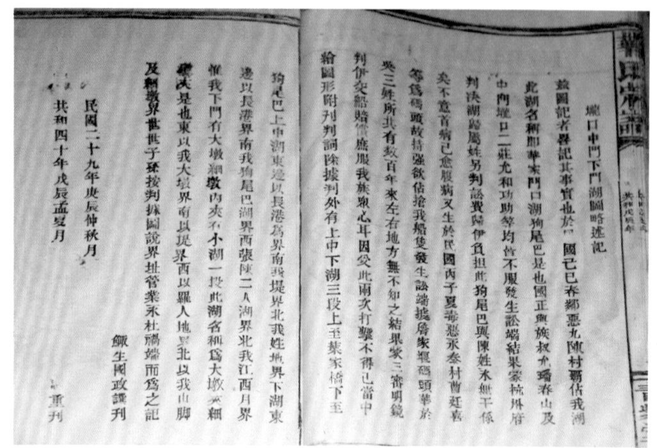

图 1-5　华氏宗谱记录

本章从地理位置以及历史故事来介绍八字沟这个传统古民居。八字沟处于五岳山下，是宣化店镇铁店村的百年名居，同时也是大悟县保存完好的清代豪华民居。本章还详细介绍了华氏族人从迁徙至此到繁荣昌盛的巨变过程。八字沟承载着华氏一族的沧海桑田，是古代劳动人民勤劳智慧的结晶。

第二章　自然与人文

题记：潭水情，云梦间，古村挂明月。文乐奏，俊峰起，怡然在人间。我们从老人断断续续的记忆里勾连起八字沟那古朴典雅而又厚重沧桑的历史。用余光轻轻摩挲视线里的一砖一瓦，让你触及灵魂最深处的柔软和幽古的恬静，听任芳草斜阳，岁月悠悠。洗去岁月的包浆，穿梭在理想与现实中。

第一节　山水环抱，藏风聚气——风水自然

一

八字沟依山傍水，在地理位置上自古以来就有着得天独厚的天然优势，这些自然环境对古村落的演变有着潜移默化的作用（图2-1）。

山体对八字沟村落空间形态的影响可以从两个方面来论述：一是地形地貌对村落空间形态的影响；二是取自山体的天然建筑材料对村落空间形态的影响。

依山而建是八字沟的特色，村落建筑群体与山体相交，建筑一部分建在平地上，一部分建在山体上。八字沟背山面水，也许是出于防御需要选址在四周环山的平地上，如图2-2和图2-3所示。随着村落的发展，村落规模越来越大，平地面积有限，村落开始往酱子岭上发展，在三维空间中酱子岭成为村落空间的底界面，其余三个方向的小悟山、面前山、寨鸡山对村落起围合作用，限定村落空间。建筑的布局更注重依附于地形，布局灵活，且室内外、院落均有高差，不像鄂中、鄂南地区严格讲求宗教与礼制。

图2-1　八字沟村落自然环境

图2-2　依山傍水的八字沟

图2-3　八字沟西侧坡地

山上植被木林颇多，村民们就地取材。木材是大悟县传统建筑中使用最广泛的建筑材料，大悟县森林覆盖率高达49.1%，林业发达，林木资源丰富，便于就地取材。木材质轻，易加工，规矩统一，建造灵活、抗震性强，导热系数小，令居住环境冬暖夏凉，十分怡人。木材多用于建筑内部结构及门窗（图2–4），也用于室外构件（图2–5）。

八字沟基址前辟有水塘（图2–6）并预留出农作物空间。水塘的水从村落边缘缓缓流过，曲折蜿蜒的溪流

图2–4　建筑内部结构及门窗用材

图2–5　建筑室外构件用材

图 2-6　村落与水塘

图2-7　建筑立面开窗

与周边建筑、远处的山体交相辉映，形成一幅充满诗情画意的水墨画。后期加建了如厨房等建筑，都依水而建，便于使用。八字沟北部有水库，水资源丰富，为居民的生活用水提供了充足的保障。

二

整体来看，大悟县的气候属于北亚热带季风气候。其特点是四季分明，冬季温度较低且空气干燥，夏季温度高且空气潮湿，霜期较长，严寒、酷暑时期都短。因此，建筑保温显得尤为重要。为了保温，建筑外墙砌得较厚重，墙上开窗较小或不开窗（图2-7）。大悟县的灾害性气候有春季的低温阴雨和早春冻害；夏季的高温干旱和暴雨洪涝；秋季的寒风和连阴雨；冬季的寒潮、冰雹、雨凇等。大悟县的河流量随疆域多寡而变化极大，为在干旱季节能确保生活用水，八字沟的村内多处设蓄水水塘（图2-8）。

图2-8 蓄水水塘

第二节 阡陌交通，炊烟袅袅——人文生活

一

八字沟古民居从建成距今已有129年的历史，是名副其实的传统古村落。经过岁月风霜的洗礼和雕琢，八字沟古民居吸收了大量中国传统文化的精华，也衍生了属于自己的新的人文因素（图 2-9），这些人文因素在八字沟的演变史中占据了很重要的地位。

在唐代以前，鄂东入淮南道；宋朝后入淮南西路。到明清时期，同江汉平原一样，有大量的外地游民、客商等移居到鄂东北的丘陵地区。定居在鄂东北的移民主要以江西籍游民为主，致使赣文化大量流入这里，八字沟的《华氏宗谱》中便有关于"祖籍江西"的记载，历史空间形态主要受到赣文化影响。八字沟古村落中的很多建筑在建筑符号和装饰的运用上，与赣派民居有很多相似之处，如高出屋面的马头墙（图2-10）、民居檐下挑砖，等等。这些都是移民文化的传播在建筑外观上的反映。

图2-9　炊烟袅袅——日常生活一角

图2-10　马头墙

耕作是八字沟居民一直以来的主要生活方式，田园生活是历代人的记忆，村里的点点滴滴也留存着这份记忆（图 2-11）。

俗话说："远亲不如近邻。"血缘关系是影响八字沟空间形态的重要因素之一。华氏一族本身具有天然的血缘关系，使得个人和家庭均能在家族中获得相应的权利和地位，因而聚族而居是最普遍的聚居方式（图 2-12）。聚落中各家庭彼此皆为"亲戚"关系，只是关系的亲疏远近不同。从居住形制来看，家族型聚落表现为以各祠堂（图2-13）为核心，建立起以宗法制度为背景的生活秩序和相应的建筑空间结构。

图2-11　村口古石桥见证田园生活

图2-12　八字沟家族型聚落

图2-13　八字沟华氏宗祠

二

村民们的生活习俗影响着他们的公共交往活动，对村子的空间形态也产生了不同程度的影响。八字沟的不同院落空间的形成就是最典型的代表，从开始的祖屋到后面的华氏兄弟的三个院落以及后来加建的临水厨房和家丁房等，使空间形态发生了潜移默化的改变，如图2-14~图2-16所示。

图2-14　村落主街旁的休憩与交谈空间

大门、巷子

图2-16　午后的村民们享受悠闲的时光

第二章　建筑与空间

题记：洗净历史沉积在废墟上的尘埃，依稀可见曾经辉煌的八字沟；外圆内方的城池、雕梁画栋的绣楼、冬暖夏凉的古井、犄角翘首的门楼、串联互通的迷宫、九曲回廊的院落、木砖雕刻的窗花、古色古香的神龛、缜密排渍的地下系统……

第一节　鳞次栉比，井然有序——建筑形制

一

八字沟民居建筑群落的选址以风水理论为指导，强调人、建筑与环境的协调，追求天、地、人和谐统一，体现了中国传统的哲学思想和对大自然的向往和尊敬。八字沟民居平面布局“山环水绕”（图3-1），建筑空间形态层次分明、丰富多变。八字沟民居的平面布局和空间形态都极具特色，这些都很好地展现了中国传统民居的科学精髓。

八字沟古民居由五排古式建筑房屋排列组成，共96个房间。其中前四排规模与形制相同，多为居住所用；后排两边各建一座炮楼起防御作用，炮楼高三层，主体均由长约28cm、厚约8cm的正方形青砖建造，内有土炮各一门。房屋建筑分为每层6个单元，每个单元有一个天井小院，均为“四水归池，八柱落脚”模式。村落前有一条主街，前面是一个蓄水用的明塘。围墙上建有4个碉楼。围墙与塘角两边各有一座门楼，是出入八字沟的必经之地。一说八字沟古民居为中华民国时期河南省财政厅厅长丁正拓之孙女婿华继平旧居。

图3-1　八字沟地理位置卫星图

据考证华氏的祖先是靠贩盐致富的，后选择这个偏僻的位置建了一大片庄园，鼎盛时期的规模已经不可考，现在仅存十多间。相传原来还在后山建过一个山寨，若遇土匪强盗骚扰，可全体转移上寨，现在只有城墙遗迹尚存。

“土改时期”，华姓的家产都被分给了外姓穷人；后来的政治历史环境造成了原有建筑的破坏，一些楼堡被拆除；住进去的人也不明白它本身固有的价值，随意取石取砖，改变结构；一些雕栏被毁，大大降低了它的历史文化价值。

现在“豪宅”的主人仅剩一户还在留守，不知能坚持到几时，残垣的大门前贴着一副残缺发白的对联（图3-2），诉说着老一辈离去的故事。

登高远望，一览全景便能看到八字沟村落选址的讲究。中国传统民居的选址讲究风水格局，自风水的角度来看，好风水的第一大原则是“山环水抱”，也就是说背后有山作为依靠，来旺人；前面有水环绕，来旺财[①]。这种布局同样符合“负阴抱阳、背山面水”的传统风水理念（图3-3、图3-4）。八字沟民居选址布局融入了大量风水理念，为了获得良好的风水格局，甚至舍弃了“坐北朝南”的良好朝向而选择了坐西朝东。

图3-2　老旧的对联与门框

① 石桥青.风水图文百科[M].西安：陕西师范大学出版社，2008.

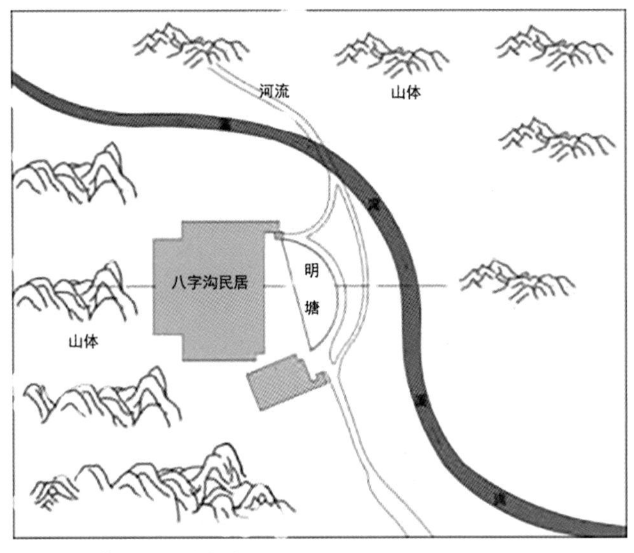

图3-3　八字沟民居风水格局

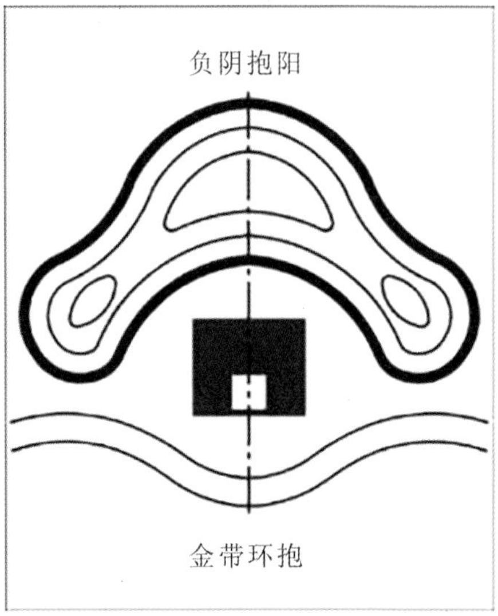

负阴抱阳

金带环抱

图3-4　“负阴抱阳”的风水理念

二

八字沟民居选址于山脚缓坡处，西面和南面是山体，是八字沟民居的主山，西面所靠山体上种满了风水林。北面是田地较为开敞，东面有条小溪（图3-5）自八字沟民居西北部水库蜿蜒而下，环绕八字沟民居流过，小溪再往东是一片与八字沟民居相对的山体，谓之案山；东北面更远处又是层层山体（图3-6），谓之朝山。八字沟民居整体格局山环水抱，朝山、案山相对，风水极佳。

八字沟民居东面设置了半圆形明塘，明塘在风水学中指穴前（建筑）平坦开阔、水聚交流的地方，有的地方也称为风水塘。八字沟民居内有数条暗沟通向明塘，每逢雨天，所有的雨水流向天井，经天井下的暗沟排向明塘，出现“龙吐水”的景象，正所谓是“肥水不流外人田”。另外，八字沟民居西面紧靠山体，山体上流下的水被称为“淋头水”，这是风水学中的一大忌讳。如遇上大雨，“淋头水”可能会引发山体滑坡等自然灾害，对房屋安全产生不利影响。为了避免“淋头水”带来的危害，八字沟民居在后山设置了一块缓冲地带（图3-7），并在西面外墙处设置了一条截水沟（图3-8），有效地缓解了“淋头水”所带来的问题。八字沟民居设计中处处体现出的传统风水理念，是先人智慧的集中展现。

图3-5　八字沟民居东面溪流

图3-6　八字沟民居远处山体

图3-7　八字沟民居后山缓冲地带

图3-8　八字沟民居西面截水沟

八字沟是典型的中国传统古村落建筑的代表，中国传统建筑的每一个单位，基本上是一组或者多组围绕着一个中心空间（院子）而组织构成的建筑群[①]。院落是室内空间与外界环境的过渡，在生活中，这种过渡空间是人们生产、生活的重要场所，也是一种精神需求。院落式民居常见于北方民居，南方民居多为天井式，在一些中部地区气候湿热多雨，“院”不利于排水，“天井”太小不利于通风，于是便出现了规模介于“院”和“天井”之间的“天井院”这种综合类型，天井院落也是八字沟民居平面布局的基本单位。

中国传统村落的布局形式多沿道路呈线形布局，而八字沟民居的布局形式为向心围合式布局。八字沟民居属于历史上的两湖地区，从社会结构角度来看，血缘型聚落是两湖地区数量最多的聚落类型。血缘型聚落居民多以家庭为单位组织生活，其宅第多采用向心围合式布局，并通过天井围合形成一至二进院落。大家族则会围绕主屋增加数个天井院落组合，利用连通巷道相互贯通，形成“围屋”格局，或可称为单元重复式空间组织[②]。八字沟民居正属此类，因为华氏家族聚集而居，建筑纵深方向有多重院落且各自独立，横向方向则通过巷道衔接，从而形成外部相对封闭，内部通行自由的围合式布局（图3–9）。图3–10所示为连续多扇门形成的“通廊”。

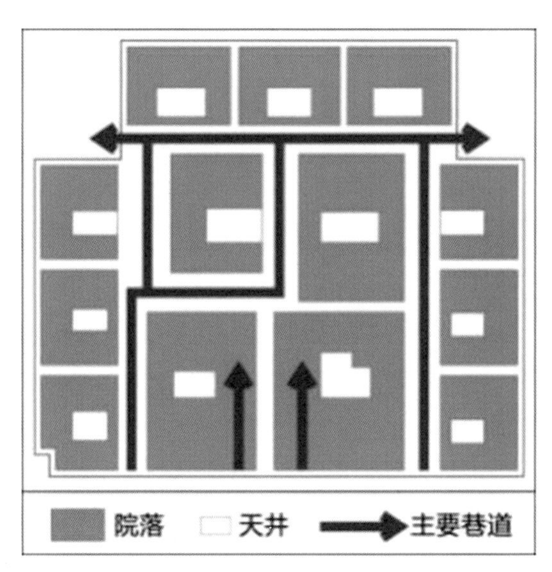

图3–9 八字沟民居布局分析

① 李允鉌.华夏意匠[M].天津：天津大学出版社，2005.

② 李晓峰，谭刚毅.两湖民居[M].北京：中国建筑工业出版社，2009.

图3-10 连续多扇门形成的“通廊”

八字沟的民居形制并不是标准的四合院。四合院一般由正房、东西厢房、倒座房围合天井组成，但八字沟民居在巷道的一侧通常不设厢房，而仅设一处阁楼，或是更简单地设一道披檐，下方作为院落入口（图3-11），八字沟民居中有多处院落采取此种模式。如果从更小的方面来看，八字沟民居平面形制的最基本单位是“三连间”，并以此为原型单位不断扩张。“三连间”也称之为“一明两暗”，中间是堂屋，是会客、聚会、就餐的地方，两侧是卧室①。八字沟民居在“三连间”的基础上增加开间，采用并联或串联的方式组合成一个院落，各个院落再通过巷道相连，形成一个如今所见到的巨大规模的建筑群落。

八字沟的民居形制还有一个特点，主屋的屋架经常延伸至巷道处，形成一个整体的大屋面（图3-11中屋顶平面图）。这种设计增强了建筑的整体性；同时给露天的巷道加上部分屋顶，增加了巷道空间的可用性，方便居民在雨季生产劳作。

① 李晓峰，谭刚毅.两湖民居[M].北京：中国建筑工业出版社，2009：210－212.

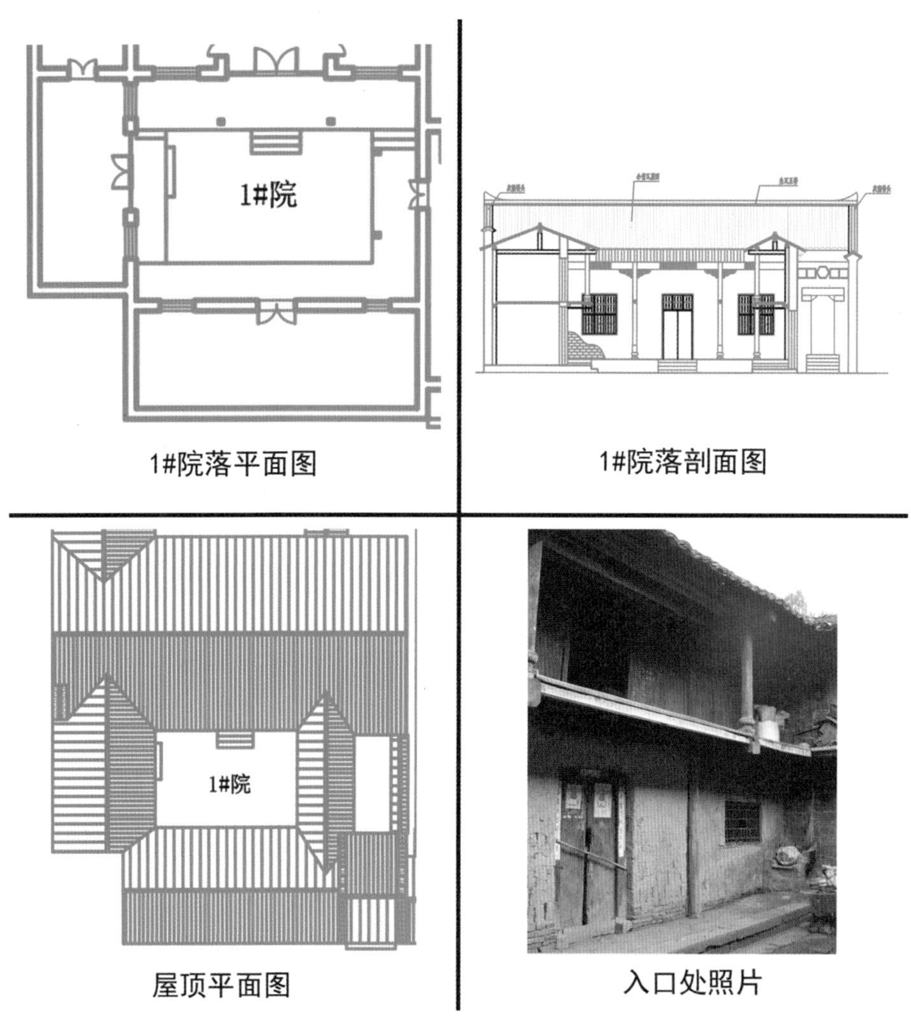

图3-11　院落入口及抬梁式屋架

三

“罗马不是一天建成的”，八字沟古民居也是华氏族人一砖一瓦建置的。基于对八字沟历史沿革的了解，并根据对华氏宗谱的研究得知：从华氏第一代族人华启高入住，八字沟民居前后经历了四个时期的历史变迁，最后使得八字沟民居以当前的形式存在于世人眼前。

（1）兴起时期

第一代华氏族人华启高迁居到八字沟内，开始修建八字沟民居，据华氏宗谱记载，初期八字沟民居建设规模仅有祖堂，以及前面的风水明塘（图3-12）。

（2）发展时期

光绪十三年至光绪十五年（公元1887—1889年），华氏后人开始兴建八字沟民居。历时三年的建设，八字沟民居扩大到现今规模，全部的交通组织和周边防御性措施都已修建完成（图3-13）。

（3）兴盛时期

华氏族人经过多年建设，增加建设了防御功能的炮楼以及女子使用的绣楼。将八字沟民居周边环境以及民居建筑整体建设完工，形成了一个功能完善、布局合理的鄂东民居建筑群落（图3-14）。

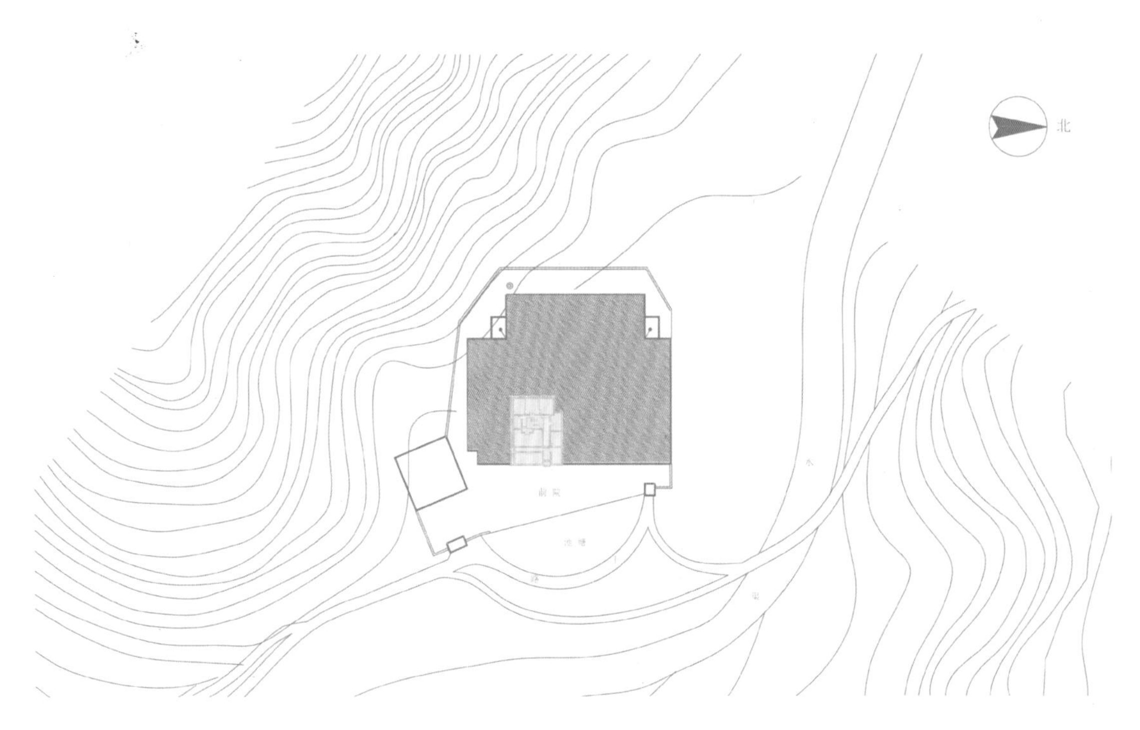

注：初期的八字沟民居体量较小，仅有一间祖屋。

图3-12　建设初期的八字沟民居

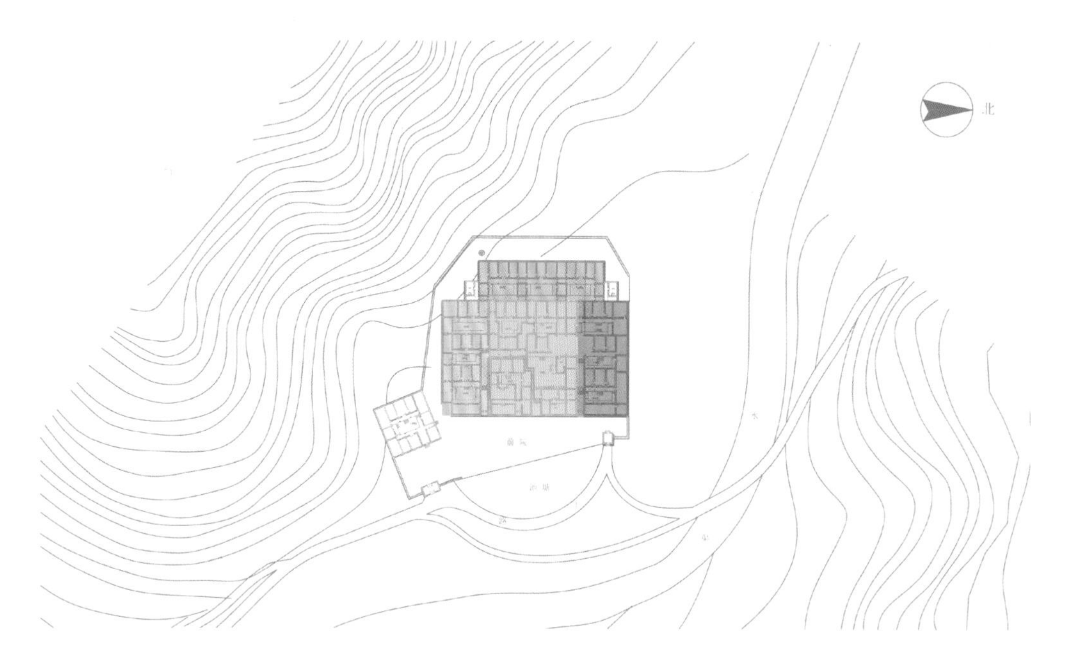

注：后续建设期间，华家三兄弟同时建设以上图中橙色（大房），绿色（二房）和红色（三房）部分，紫色部分为最后建设完成，为库房和仆人房，最后形成的是一座功能完善、交通流线顺畅的古民居群落。

图3-13　发展时期的八字沟民居

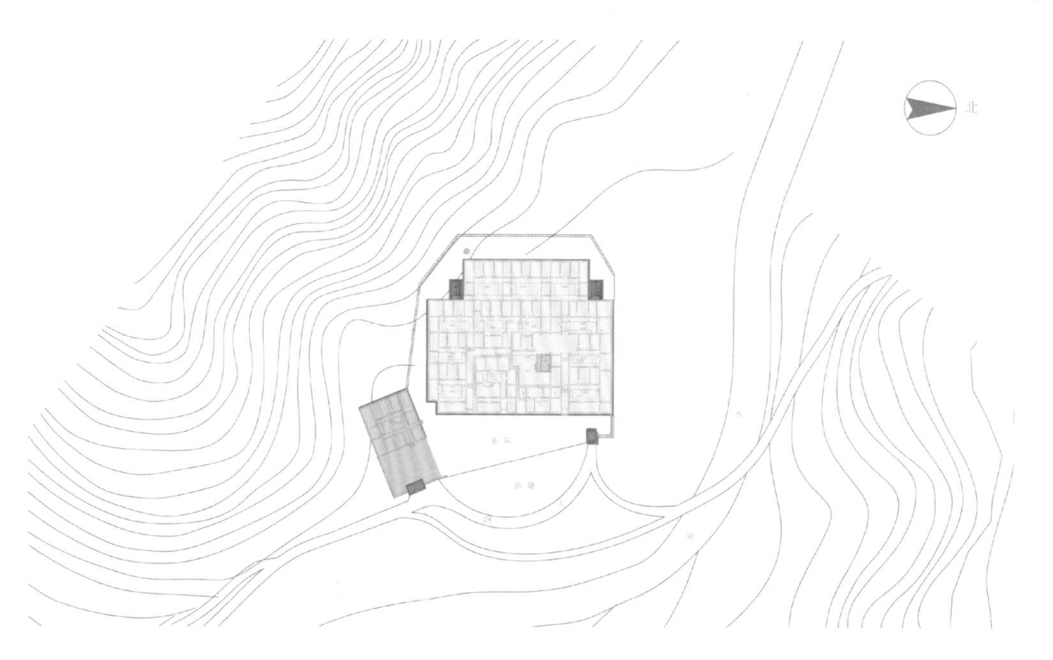

图3-14　兴盛时期的八字沟民居

（4）衰落时期

中华人民共和国成立之后，老旧的房子因各种原因被破坏得七零八落，两边的炮楼和中间祖堂中的绣楼全部损坏。老房子被分给各家各户，开始修建内部隔墙，破坏了内部原始的交通流线，但是大体的传统空间院落从未改变（图3–15）。

八字沟民居依山体地势布局，东低西高，逐进抬升，室外地面南北落差有1.45m。民居内每一进院落的高差不尽相同，甚至每一间房间的高差也各有差异；然而他们通过巧妙的设计方法平衡了高差，并营造出丰富的空间层次关系，给人以丰富的空间体验，更体现出“步步高升”的建筑风水理念。例如，院落间的高差，通过连接巷道的台阶来平衡（图3–16），而院落内部高差则根据天井四周檐廊的台阶来平衡（图3–17）。

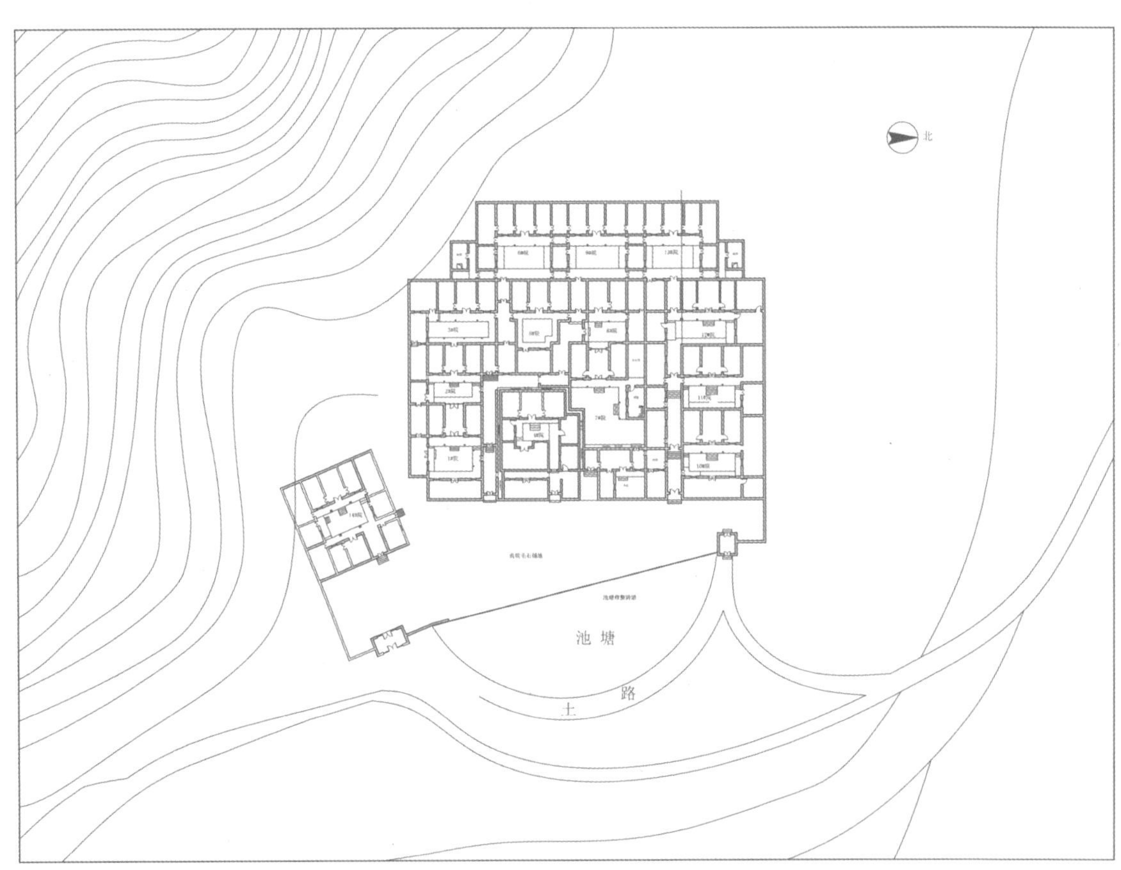

图3–15　衰落时期的八字沟民居

图3-16　巷道台阶

图3-17　檐廊台阶

三

八字沟民居巷道的屋面是主屋屋面的延伸，这样巷道空间便形成了类似“穿堂”的半室外空间[①]，“穿堂”空间可视作灰空间，是室内外空间的过渡。同时“穿堂”空间作为暗空间与旁边的明空间形成明暗对比，明暗交错，丰富变化（图3-18）。巷道空间（图3-19）用途多样，丰富了居民的生活，让空间特性显得更加生活化。院落天井同样是室内外过渡的灰空间；与之相比，巷道空间有屋面覆盖，冬天可以抵御风雪，夏天可以遮挡烈日，十分适用。

现如今八字沟民居南侧寨门、西北角和西南角的炮楼均已完全损毁，空间的完整性和防御性不复存在，仍需通过建筑考古学的研究方法对其进行保护修缮。

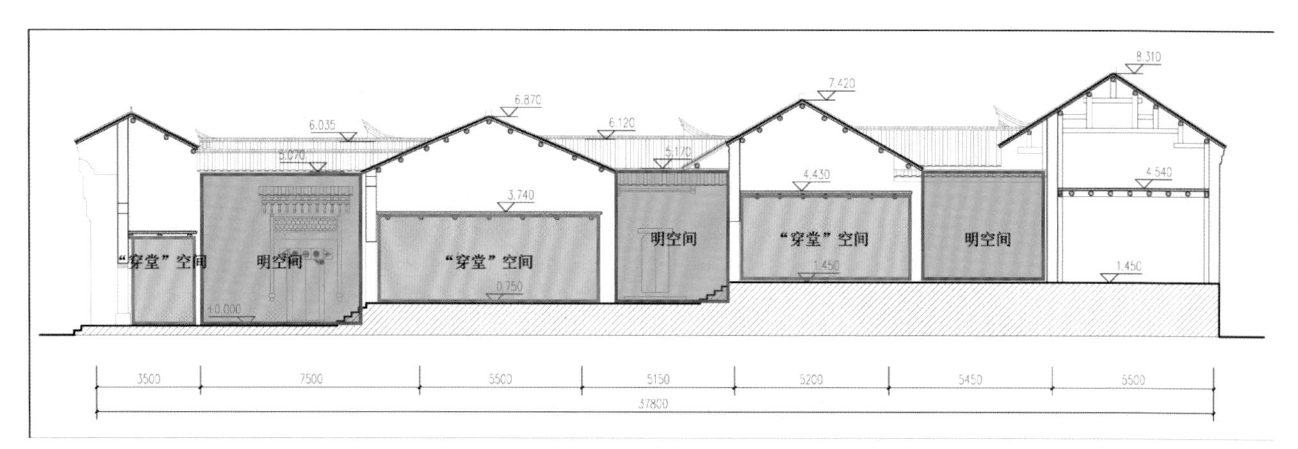

图3-18 八字沟民居巷道空间分析

① 陈小将.鄂北家族卫戍型聚落研究——以随州和孝感地区为例[D].武汉：华中科技大学，2013.

图3-19　八字沟民居防御空间分析

四

八字沟民居外墙采用单页子火砖灌斗墙，可以保温隔热，建筑外墙开窗较小，或不开窗。屋顶形式为硬山顶，小青瓦屋面，垒瓦正脊。檐口平直，出挑较少，山墙有灰塑博缝，出檐线两层（图3-20）。

八字沟民居建筑为砖木结构，采用抬梁式木屋架和山墙混合承重（图3-21），建筑多为一层，最西侧的一排房子均为2层。第二进院落主屋无阁楼，其余院落主屋均有阁楼。梁架数量由房屋进深决定，多为5架或7架。柱子有圆柱和方柱，柱下均有石质顶柱石。

建筑外墙多为青砖灌斗墙，且在内部填充砂石以保温隔热，屋脊无多余装饰，用小青瓦堆垒而成，仅门楼屋脊略有装饰。八字沟民居属于民间建筑，建造风格比较随意，不像官式建筑那般严谨，整体风格简单大气，洋溢着朴素之美（表3-1）。

图3-20　外墙及上方披檐

图3-21　抬梁式木屋架

表3-1　八字沟民居建筑风格

类别	特征	照片
墙体	墙基为青条石或者碎毛石砌筑，青条石坚硬抗压，碎毛石耐寒抗冻、造价低	 青条石基础 　毛石基础
	墙身多为灌斗墙，白灰勾缝，清水砖墙面。每隔三至五层砌一层眠砖，斗砖为一顺一丁砌筑，灌斗墙内填充泥土和碎石，增加防潮保温隔热的效果	 墙身砌法 　墙身构造
	正面檐下有叠涩五层，简单彩画，起装饰、过渡作用。山墙面檐下有灰塑博缝，出檐线两层，无山花，前为翘檐飞山，后为封护檐	 正面 　山墙面
屋顶	屋顶多为硬山屋顶，单檐人字坡，布小青瓦，院落内檐口交圈，正脊为游脊或清水脊，两端微微起翘，呈一条优美的弧线	 八字沟民居屋面 　檐口交圈
木屋架	多采用抬梁式木屋架，与山墙混合承重，根据房屋的进深来确定木屋架的数量，主屋“七架二柱”的形式最为常见，厢房通常设3~5架梁	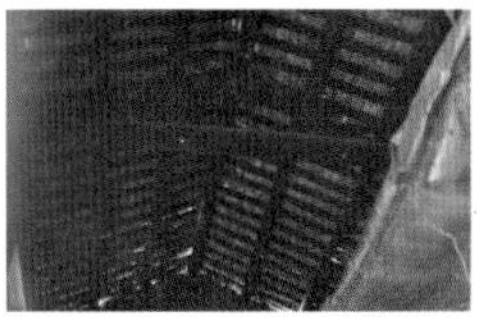 抬梁式屋架 　七架二柱式

第二节　纵横交错，曲径通幽——街巷空间

一

街巷是古村落的骨架和支撑，街巷的存在使得村落内部各部分与外界形成了一个有机的整体，它可以有效组织线形交通，同时也影响着空间的整体形态，是一种空间模式和行为模式的综合体，对居住、交通、文化、经济、防御等功能起着重要作用。街巷是物质实体也是一种心理和社会行为的空间。街巷空间包括街、巷、河以及作为街道空间的延伸和扩大空间——节点空间（图3-22）等，形式变化丰富多样。由于街巷两侧建筑立面在细部处理、建筑材料和色彩运用上的富于变化，使街巷空间变得很有韵味。图3-23为八字沟街巷组图。

八字沟民居道路系统主要分为3个层级，第1个层级是进入八字沟民居的道路，即入村道路；第2个层级是建筑周边联系古井、明塘等处的道路；第3个层级是民居内部道路。由于八字沟民居属于血缘型聚落，选址通常比较注重防御性，因而会相对隐蔽，故入村只有唯一道路，从卫星图上也可以清晰看出。八字沟民居内部道路有巷道和院落内过道两种，巷道是连接各个院落的枢纽。八字沟民居主要有3条巷道（图3-24），在巷道重要的交通节点处设有门楼，兼顾通行和防御的功能。道路系统由外及里，井然有序。

图3-22　街巷空间节点

图3-23　八字沟街巷组图

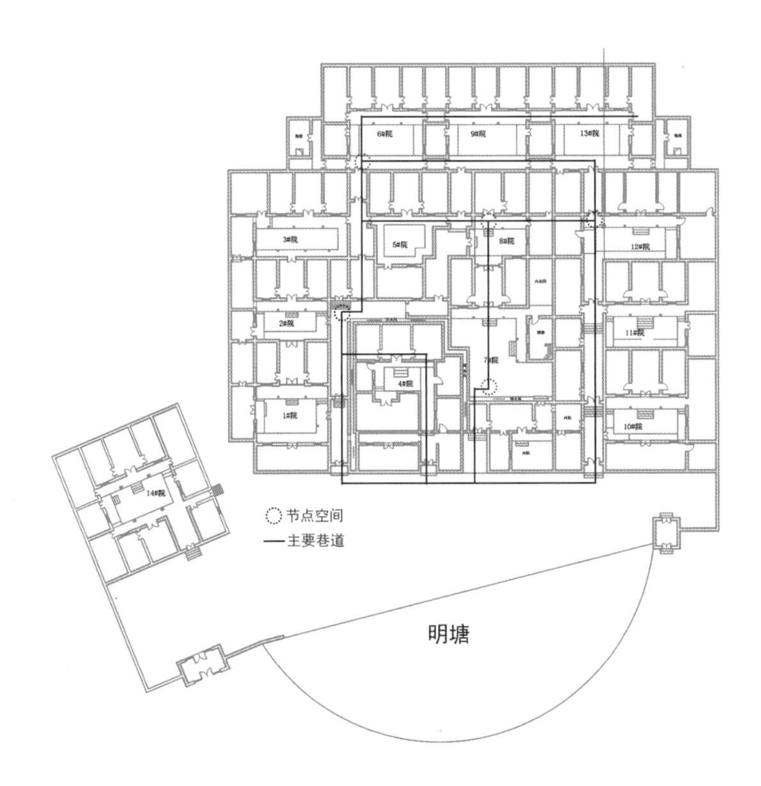

图3-24　八字沟民居内部道路

值得一提的是，八字沟民居最西边的三进院落中，主屋和檐廊中均连续设置了多扇门，贯穿南北方向，形成一条“通廊”。这种设计在传统民居中也并不常见，究其原因还是出于防御目的：当面临外敌时，家家互通，有助于互相帮助，共同抵御外敌。下文还会详细介绍。

交通功能是街巷的基本功能（图3–25），从巷子中看两侧的石墙有一丈多高。沿主街分布有4个门巷，为不规则的网状路网结构。走进逐渐上行的门巷可以进入两侧依山错落分布的各家的中堂及相关房间。

村内街巷对生活起居起着重要的作用（图3–26），其空间形态、尺度、构成方式都是为居住及其交流活动的顺利进行而逐渐形成的，根据人的活动的行为模式和频繁程度来确定街巷的尺度与沿街界面，以期望给人带来最大程度的舒适感和亲切感。家与街的紧密联系，使街巷成为生活空间的一部分，把室内外空间联系到一起，既有利于交流，又增加了建筑空间。街坊邻居之间相互熟识，相处融洽。居住在这里的人们生活闲适而快乐，面对面地交谈是获取信息必不可少的来源，经常可以看到街坊邻里倚门而立，幽静的街巷内不时回荡着阵阵欢快的笑声。

除交通作用外，这些大大小小的街巷均能起到一定的通风作用。八字沟所处地区以南北风为主导风向，白天长时间日照阳光的辐射加速水面空气的对流，在傍晚形成凉爽的河风，通过垂直墙壁的巷道进入古村落。同时这种布局还使得山水景观与街巷建筑有机结合，提供了良好的居住环境。傍晚村民们在街巷口乘凉的和谐场景给如诗如画的古村落增添了一丝人间烟火气（图3–27）。

图3–25　交通用街巷（部分现已损毁）

图3-26　村内街巷

图3-27　与休憩空间相连的街巷

多条尺度不一的巷子，将所有的房屋有序地组织起来。沿一条主轴线，连接着次轴街巷将村落巧妙地划分为各个区域，每房独具特色又通过主街相互联系着（图3-28）。另外，垂直于山体而建的巷道将山地本身特有的层次性和立体性，与周围的山体水体组织起来，构成了层次丰富、用地节约的空间形态。整个古村落通过街巷构成了东西连贯有序、南北层次分明的空间序列。

二

八字沟空间结构有效地和山地空间结合，良好的设计平衡了高差。同时，有效地组织山地空间形成多条门巷，利用外部墙体进行防御使整个民居具有良好的安全性；建筑群落中各个天井也能起到通风、聚气功效。这种布局方式适应了鄂东大别山山区的地理环境和气候特点。

八字沟民居作为家族卫戍型聚落，由内而外具有3层防御空间。第1层防御空间是由山体、水体等天然屏障和寨门、围墙、明塘等人工防御构筑物共同组成，它们形成一个相对封闭的空间，构成了八字沟民居的第

图3-28　通往各房的街巷

1道防线。第2层防御空间是由门楼、民居外墙和炮楼共同组成，民居外墙厚重，墙基为青条石砌筑，十分坚固，它们构成了八字沟民居的第2道防线。第3层防御空间由各院落间的巷道组成，巷道内重要的交通节点均设有门楼；若有外敌来袭，可关闭这些门楼的大门，将敌人拒之门外，这些巷道构成了八字沟民居的第3道防线（图3-29）。

以街巷、民居、水系等物质要素为核心组成的格局和风格，不仅体现了人文规划布局的基本思想，还反映了古村落格局的历史变迁，更显示了在历史条件下人的行为、心理与村落自然环境融合的痕迹。

八字沟在山环水绕的自然环境中，街巷与周围自然环境共同构建了一个山、水、街“三位一体”的整体结构特色。这是由丘陵地区地形地貌、生态及景观特点衍生出来的。八字沟所在的丘陵环境中的山川河流，是古村古巷赖以生存和发展的自然基础，也是街巷空间结构的载体。街巷利用了山地本身的层次性和立体性，顺应着山脉和水体的走势，因地制宜，利用坡地、阶地、平地交错的形式灵活布局，与山体、河流融为一体，开合有度，亦曲亦直，形成形态丰富、“三位一体”的街巷独特结构特色，使得人工环境与自然山水达到和谐统一。

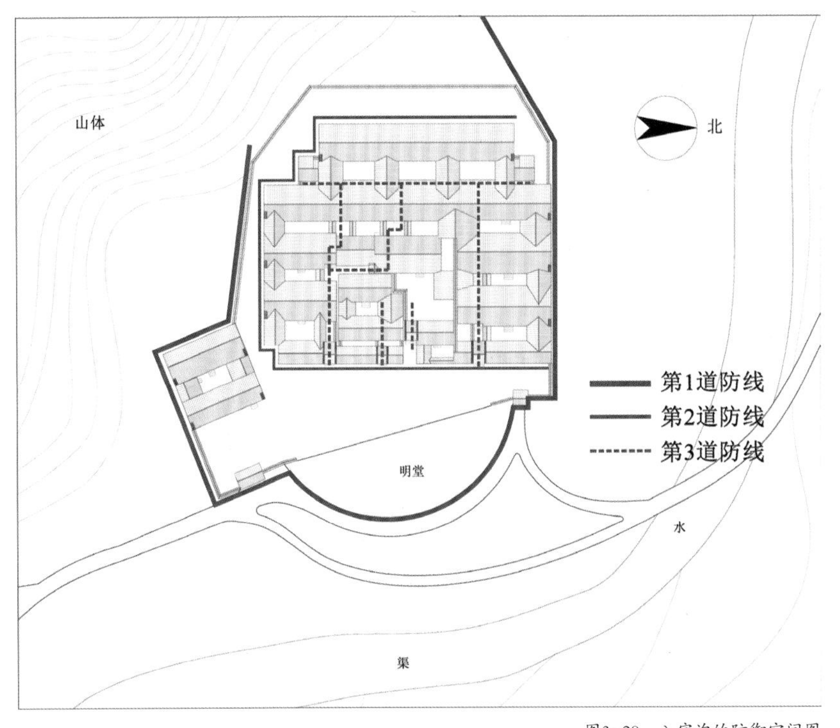

图3-29　八字沟的防御空间图

三

主街是整个村落街巷体系主干，贯穿整个村落，既是对外交通的主干道，又起着联系村落各处的作用；整个村落通过主街来运输物流和疏散人流。同时，主街是村落大部分公共活动的空间载体和主要的社会活动场所，代表着村落的主体形象，是八字沟的标志；其街道空间相对宽阔，视野开阔，活动空间充裕，是村落中最繁华的地段（图3-30）。

而支巷（图3-31）作为垂直于主街的分支通路，一方面联系着主街与村内部的地区，另一方面也联系着主街与河溪。支巷的尺度较小，使用较频繁，一般不承担运输物资的功能，但在整个街巷体系中仍然有重要地位。支巷一般分为两种：一种是连接主街或主街与其他支巷；另一种是直接入户的，只有一个出入口，避开了过境交通，保证了居家生活不受干扰。

图3-30　主街一瞥

图3-31　支巷

地形、气候、街巷的功能以及居民的行为都在不同程度上影响着街巷空间尺度的变化。大悟县地处丘陵地带，为了节约土地和空间，村镇内街巷空间尺度通常较小；在气候方面，大悟县属北亚热带季风气候区，冬冷夏热、降雨量较大，日照时间长，小尺度空间便于其挡雨遮阳，狭窄的街巷有利于通风；历史村镇中街道的主要功能是经济活动与交通生活，加上当时陆路上主要的交通工具是马车、轿子等，街道的存在是为了满足这些功能。巷道的功能是连接主街和码头、主街与私宅，巷道尺寸满足人通行即可。就行为情感而言，小尺度更容易拉近人与人的距离，能满足居民的行为情感的需要，给其以轻松感和安全感。

村内主街的空间尺寸相近，街道的宽度D与建筑外墙高度H的比例为1~1.2，巷道的比例为0.3~0.4或者更小。芦原义信在《街道的美学》中论述：当$D/H=1$时，人在街道中行走，会觉得内聚、安定而不至于压抑；当$D/H<1$时，随着比值的减小，围合感更强，超过一定限度就会令人压抑、憋闷[①]。表3-2所示为D/H与人的心理反应的关系。表3-3所示为D/H与人的视觉效应的关系。

① 芦原义信. 街道的美学[M].尹培桐，译.天津：百花文艺出版社，2006.

表3-2　*D*/*H*与人的心理反应的关系

D/*H*	图示	人的心理反应
小于1时	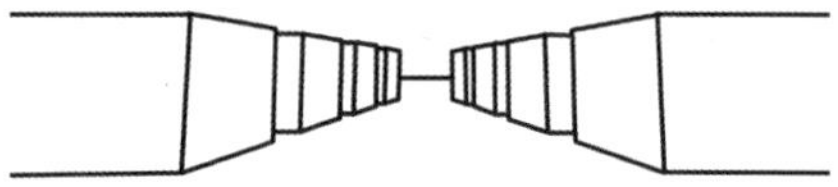	视线被高度收束，有内聚和压抑感
等于1时	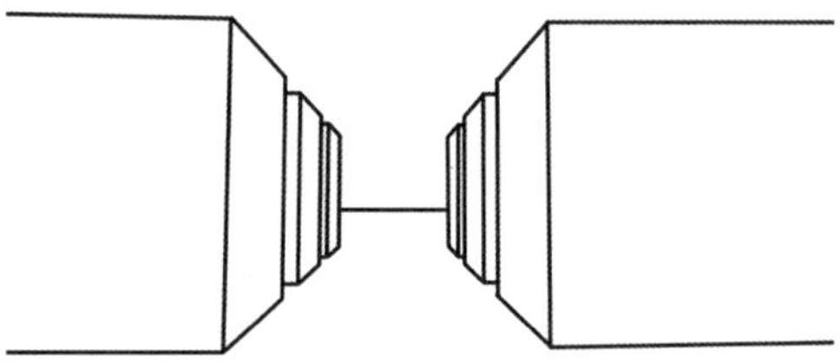	有一种既内聚、安定，又不至于压抑的感觉
等于2时	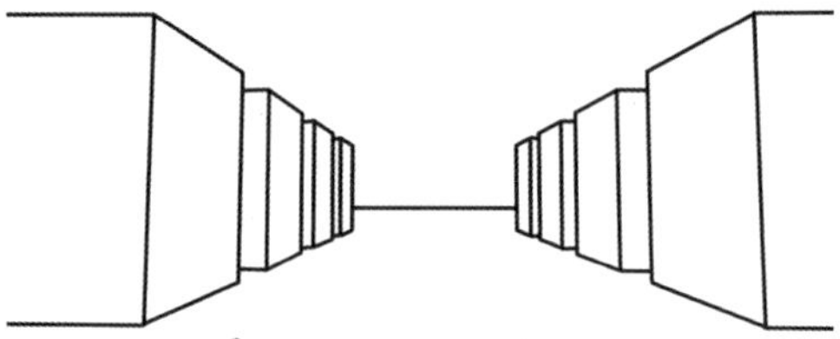	仍能产生一种内聚、向心的空间，而不致产生排斥、离散的感觉
等于3时	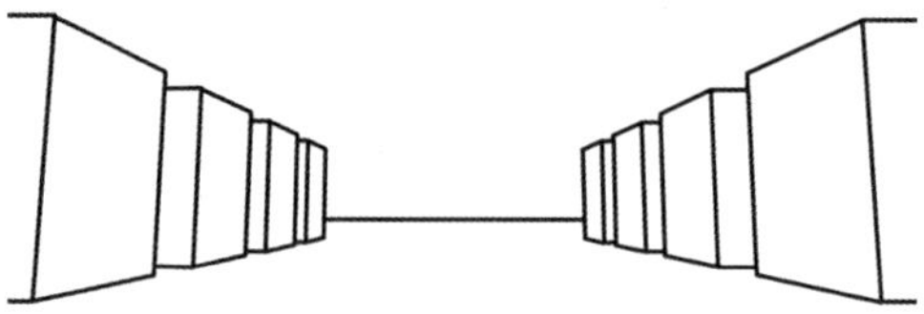	会产生两实体排斥、空间离散的感觉
大于3时	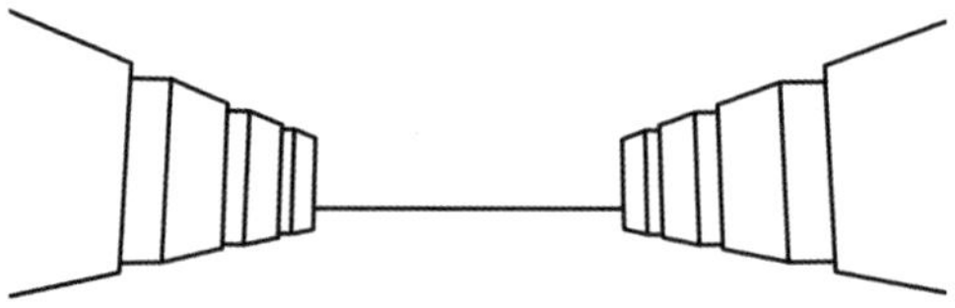	空旷、迷失或冷漠的感觉就会相应增加，从而失去空间围合的封闭感

表3-3　*D/H*与人的视觉效应的关系

D/H	图示	人的视觉效应
等于1时	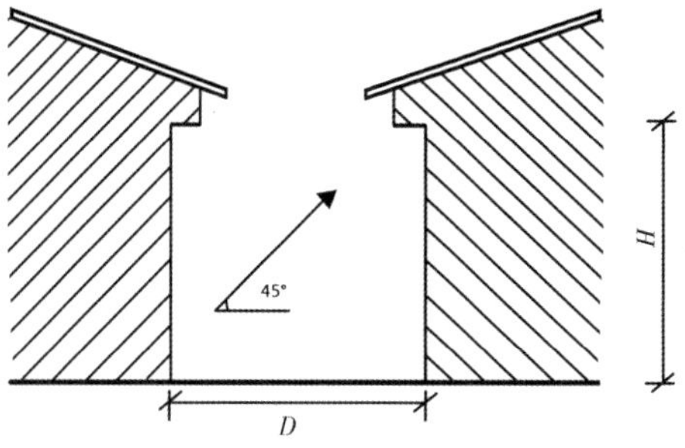 45° H D	此时垂直视角为45°，注意力较集中，是全封闭的界限，观察者容易将注意力放在细部，可看清实体的细部，即檐下空间
等于2时	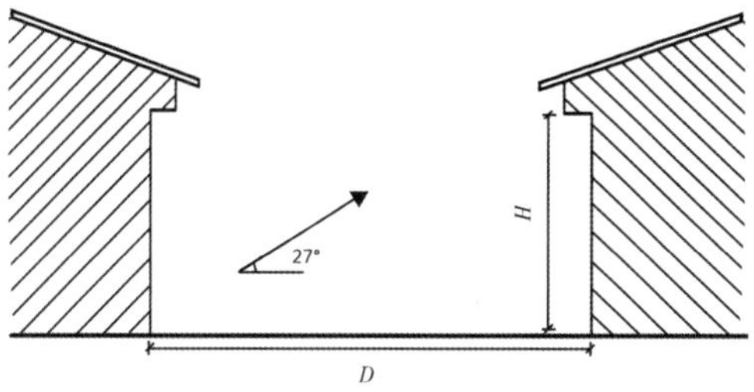 27° H D	此时垂直视角为27°，是封闭的界限，可看清立面及整体的细部，易注意到立面整体关系
等于3时	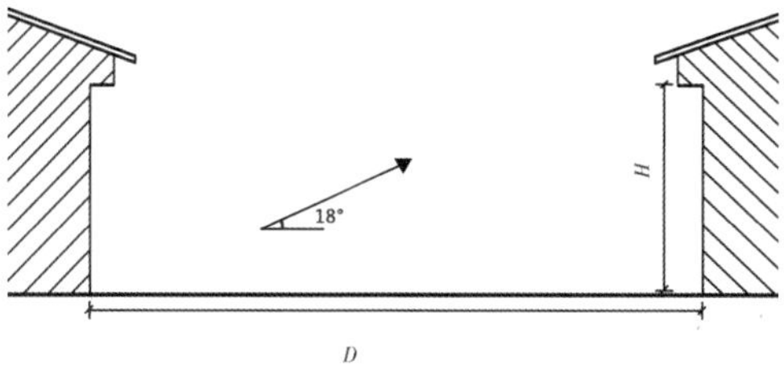 18° H D	此时垂直视角为18°，部分封闭，注意力开始分散，易于注意建筑与背景的关系。可以看坡屋顶，获得整体与背景轮廓关系

四

街巷并非天成，而是由多个界面限定、围合而成的，这些界面由多要素组合而成，街巷空间亦是在街巷界面的限定下产生的。街巷界面由底界面、侧界面和顶界面构成。

底界面由路面、广场及其他附属场地组成，是村镇各种公共活动的发生地。底界面通过材质、形态的变化来限定和标识空间。底界面的材质与其使用性质有关，一般商业街道和重要广场以石板铺装为主；生活巷道多为实土地面或鹅卵石铺就，八字沟支巷道多用鹅卵石铺就，然而带有高差的巷道多会用青石板铺就（图3-32）。

街巷空间的大小在很大程度上取决于界定空间的两侧建筑物的整体立面效果。临街界面多是商业铺面、居住建筑的入口立面。由于屋主财力的不同，这些单体建筑在开间、层数、高度、材质、建筑形式等方面就各不相同；这些差异使临街界面丰富多变（图3-33）。巷道多是由建筑山墙围合而成，山墙界面会随着高差产生高低起伏的变化，形成独特的美感。

街巷的顶界面相对于底界面和侧界面来说更为开放，顶界面是绝佳的风景取景框。它由天空、街巷两侧建筑的屋顶屋檐，山墙山花组成，随着沿街建筑形态和尺度的不同以及街巷形态的不同，形成开合有度的街巷顶界面（图3-34）。

（a）

（b）

图3-32　街道铺面和巷道铺面

图3-33　临街界面

图3-34　开合有度的街巷顶界面

五

依山而建、傍水而居的八字沟村落与河道的位置关系决定了其防洪系统的效果，八字沟村落与河道位置有两处天然的优势：一是村落与河道相对平行布置，发生大雨或河道涨水时，水流不会直接冲刷镇区；二是村落位置处于河道的“凹岸”一侧，这在风水上被称为“澳位”。河水有一定的流速，当河水流速较快时，就会使河岸上的泥沙脱离被水带走，对河岸造成侵蚀。当河水流速较慢时，河水中夹杂的泥沙就沉降到河底，形成河道堆积。因此相对于外侧来讲，由于常年的河道沉积，凹岸地质也比外侧更为稳定，不易发生错动和沉降，非常利于村落的防洪。图3-35所示为河道围绕的村落。

排水问题也是居民在生活起居中必须要考虑的问题。村落里废水的主要来源有院子和巷道的积水，屋顶和院子里的雨水，厨房废水，浴室废水等。特别是夏季暴雨时节的降水，其来势汹汹，降雨量大。因此，如何有效地组织镇区内部的排水是八字沟古村落居民关注的重点。

古代劳动人民极具智慧地用坡地地形选择有坡度的台地建立村落，对于古镇排水是十分有利的，也使得生活废水和雨水等依靠坡度和重力的作用沿着山势排出。避免了因季节大量降雨而出现排水系统堵塞和容量不足的情况。

天井是室内排水在村落单体民居内最直接有效的方式。天井除了有通风采光和气候调节功能之外，最直接的作用就是排水。在安徽和江西等地，天井空间也称为“四水归堂”。天井、天斗结合着地沟一同作用，集水、排水的功能显著。

图3-35　河道围绕的村落

污水和雨水经排水沟排出后大部分排到了附近的河流或者地势低洼的水塘、水池里。排入河流中的主要污水排水口根据地形集中设置在河流的下游，以防止对上游生活用水和洗涤用水的污染。池塘不仅是生活用水的集中排放处，还能提供消防用水，更是雨天迅速排除积水的重要“容器”。与河流将水带走不同，水塘是将污水进行储存，水储存是一种有效的净水处理方式。水中的污染物在这里沉积后将会被稀释，不同质量的水也在这混合，也会起到一种平衡的效应。在池塘中种植一些植物来降解污质，还可以养殖一些如鸭子、鹅等动物来形成生态循环系统，这都对污水起到转化和处理的作用。

细观村落建筑构成，总是渗透着文化的底蕴，防火文化便是之一。正所谓“远水救不了近火”，所以古镇靠近水源的另一大优势就是有利于防火。适当的近水关系为防火奠定了很好的基础。村落西北角和南面的池塘平时可以储存大量水资源，以备不时之需。同时支巷也有划分防火分区的作用。支巷的宽度有1m左右不等，两侧的山墙多为砖墙和水泥墙，都是不易燃烧的材料，而且一般做成高出于檐口的封火墙。火灾发生时，支巷的间距和防火的封火墙可有效地抵挡火势从一个分区跨向另一个分区，从而起到防火的目的。

“封火墙”又称为“马头墙”，源于江南民居，在湖北古镇建筑中也很常见；特指高于两山墙屋面的墙垣，也就是山墙的墙顶部分，因形状酷似马头，故称“马头墙”。传统民居建筑的墙体之所以采取这种形式，主要是因为在聚族而居的村落中，民居建筑密度较大，不利于防火的问题比较突出，当火灾发生时，火势容易顺房蔓延。而在住宅的两山墙顶部砌筑有高出屋面的马头墙，则可以备村落房屋密集防火、防风之需，在相邻民居发生火灾的情况下，起着隔断火源的作用。久而久之，马头墙就形成一种特殊的建筑风格了。在古代，江南地区男子若背井离乡踏上商路，马头墙则是家人们望远盼归的物化象征。看到这些错落有致、黑白辉映的马头墙，会使人得到一种明朗素雅和层次分明的韵律美的享受（图3-36）。

另外，马在古人眼中是一种吉祥物，“一马当先”“马到成功”“汗马功劳”等成语，显现出人们对马的崇拜与喜爱。山形山墙如图3-37所示。

图3-36　马头墙造型细部

图3-37　山形山墙

本章主要介绍八字沟的建筑空间，从风水、历史演变、建筑院落形式、街巷空间的形成、气候、防御防火以及防灾功能等各个方面来详细介绍八字沟的建筑。八字沟的风水格局是“山环水抱”，背后有山作为依靠，来旺人；前面有水环绕，来旺财。其符合“负阴抱阳、背山面水”的传统风水理念。以天井院落为单位的围合式布局，其形式为向心围合式，并以血缘型聚落类型为主。大家族会围绕主屋增加数个天井院落组合，利用连通巷道相互贯通，形成“围屋”格局。八字沟民居最有特色的是平面形制的最基本单位“三连间”，并以此为原型单位不断扩张。

第四章　建构与装饰

题记：雨打纱窗拂暮尘，墀飞脊翘盼归人，蓑衣荷伞潇潇夜，静坐滴檐细细闻。八字沟民居富有特色的营造方式为“四水归池，八柱落脚”。院院相连，上下相接，曲径通幽，珠联璧合。墙头兽角凌空，墙沿花纹缠绕，地面石条成形。木柱、梁壁、古皮木门上雕刻着飞禽走兽、梅兰竹菊。工艺精湛，巧夺天工，栩栩如生，高雅气派，仿佛置身于古代的深山远城之中。

第一节　因地制宜，匠心独具——营造工艺

一

八字沟民居从清朝中期发展至今，已历数百年，是大别山保留较好的鄂东传统民居建筑群，其具有特色的建构方式和做法，体现着鄂东传统宗族聚族而居的意识形态下的思想观念、风俗习惯以及生产生活方式。

八字沟民居的做法遵照着传统民居的建造法式，屋架普遍做法是穿斗式，少数大宅为穿斗抬梁式。八字沟当地穿斗式做法多是直接将檩条搁在两侧的山墙上，山墙上缘留有凹洞，檩木可直接插入墙体，屋顶的重力由檩条传至承重墙，承重墙同时也是两间相连房屋的共用墙（图4-1）。穿斗抬梁式做法是将梁插入两端的瓜柱柱身中，层层叠加，最外端两瓜柱骑在最下端的大梁上，大梁两端插入前后檐柱柱身（图4-2）。两种做法均以梁承重传递应力，檩条直接压在檐柱和各短柱的柱头上，部分梁柱仅起拉接的作用，当地做法采用的屋架构件均较粗厚。

八字沟主体建筑群建筑的外立面与院落之间的分隔墙是空斗墙，墙基部分以青石条或碎石块砌筑，铺砌形式主要以一眠三斗和一眠五斗为主。

图4-1　木条结构承重

图4-2　穿斗抬梁式做法

临街主立面为一歇山双坡屋顶加牌楼式面墙的砖砌体结构，牌楼屋顶为盖灰筒瓦。其他建筑多为硬山屋顶和悬山屋顶。悬山屋顶（图4-3）的山墙面十分简洁，不做过多装饰，屋檐出挑，有两面坡对称的，也有根据房屋自身尺寸调整做成一面长坡一面短坡形式的。硬山屋顶（图4-4）的山墙部分多有墀头，屋面出挑，保护临街面木板墙身不受雨水侵蚀。屋面没有起翘和弧度，且坡度较缓，利于排水。

图4-3　悬山屋顶

图4-4 硬山屋顶

街巷结构决定了其建筑以东、西为主要朝向。背街立面显得相对封闭厚重，左右均采用大部片石垒砌，采用上部灌斗墙体与屋檐相接的做法。后墙上一般不开窗，极少开门洞。背街立面的做法主要是为了安全考虑，以防盗匪为主要目的。墙厚窗小，还可使室内保持相对稳定、适宜的温度，以适应当地的冬冷夏热气候（图4-5）。

图4-5 北街外墙面

二

密集建造是传统民居的特色之一，密集建造可以兼具遮挡和通风的优势，通过建筑整体的合理布局，形成通道，组织良好的通风迅速带走热量，而两侧的坡屋顶恰好形成空气通道，从而迅速带走由天井上升的热空气。不同于北方院落，天井院落进深较小，横向延展较开，它既具有天井的“拔风”效果，又有堆场、小晒场的功能；同时还是一家人聚集休憩的场所。在双桥当地，通过在院内设置台阶，天井院落还能起到调节高差、整合全局的作用（图4–6）。

图4–6　天井院落

不同于徽州地区“粉墙黛瓦”，外墙多是青石勒脚、青砖砌就的一面清水墙，灰瓦屋面，在屋脊檐下、墙头等重点部位做少许装饰，但色泽淡雅，在屋檐与屋面交界处常施以白色边线，画上黑色卷草，或者交界处接以石雕，使轮廓醒目（图4–7）。造型特征主要体现在建筑入口的处理、建筑外墙材质的变化，屋顶以及随屋顶起伏的山墙，细部门窗。

建筑入口是建筑的门面担当，是民居造型的重点处理部分。村落内居住建筑多为三开间或五开间，建筑入口均设在中轴的明间上（图4–8、图4–9）。

八字沟村落中建筑入口的装饰也别具特色，门楣上的匾额与民居有机地融合在一起，犹如画龙点睛，表达着家世或主人的愿景。位于八字沟的一住宅入口有匾额，匾额直接书于大门顶正中墙上，中间辅用石雕点缀，算得上一个不可多得的工艺品，赏心悦目，一股古朴民风扑面而来。另外，门楣上的装饰形式多样，以木材石材装饰居多，一般会在门头上的过梁和过梁下的门框交角处施以雕饰，非常精美，门两旁多有一对抱鼓石（图4–10）。

图4–7　外墙装饰材质变化

图4-8　入口上方做仿木石雕、入口处外墙向内收进

图4-9　入口处外墙向内收进、屋顶抬高

图4-10　残损的门框依然能看出当时的精美

八字沟建筑采用不同高度不同砌筑方式的做法，墙面底部为石材砌筑，上部则采用砖墙砌筑，底部采用较为密实的砌筑方式，而上部则采用空斗砖墙合欢的砌筑方式（图4-11、图4-12）。这种做法既有稳固的基础，又可以节约经济成本；不仅显示出砖墙砌筑的建构理性，而且也使墙面本身富于变化，呈现出更多的建筑肌理与艺术美感。

外墙体

图4-11　规整石条墙基，上部青砖

图4-12　青砖砌墙

第二节　脊翘墀飞，巧夺天工——装饰细部

一

装饰是传统民居中最精美的部分，一座设计巧妙、功能合理的民居中，精美的装饰往往能起到画龙点睛的作用。因此，不论是达官贵人还是普通百姓，都会对民居进行力所能及的装饰。大户人家往往特别重视房屋的装饰，装饰的素材和纹样都十分考究。装饰艺术包含了大量装饰素材和纹样，能够体现当地居民的审美情趣和文化修养，具有重要的意义。

装饰部位通常集中在建筑入口、山墙、门楣窗楣、梁枋等处，根据装饰手法来划分，装饰一般分为三类：雕刻、灰塑和彩绘。八字沟民居虽然部分损毁严重，但在现存的建筑中这三类装饰手法均有体现（表4–1），装饰形式见表4–2。

山墙见图4–13、图4–14。

表4–1　建筑装饰分类

装饰手法		现存照片	简要说明
雕刻	木雕		八字沟民居现存较多木雕装饰，各式各样的镂空木雕窗、栩栩如生的木雕枋、精致的镂空祥云木雕，无不体现了华氏家族对于装饰的重视
	石雕		八字沟民居的石雕装饰主要在门楣和柱顶石处，不同院落柱顶石的石雕也略有不同。石雕的装饰主题主要是吉祥图案和书法，如门楼檐下有“福禄寿喜”字样的石雕

续表4-1

装饰手法	现存照片	简要说明
灰塑	 	灰塑一般以灰泥为主要材料，制作简单，可塑性强，装饰线效果图好。八字沟民居中主要是山墙面的灰塑博缝
彩绘	 	彩绘一般画在木构或者墙身抹灰之处，是一种平面装饰。然而彩绘不易保存，由于风雨侵蚀容易随抹灰一起剥落。八字沟民居中现存彩绘并不多，正面檐下方有部分“回字纹”彩绘

表4-2　装饰形式列举

类型	图例、照片	简述
墙面砌筑	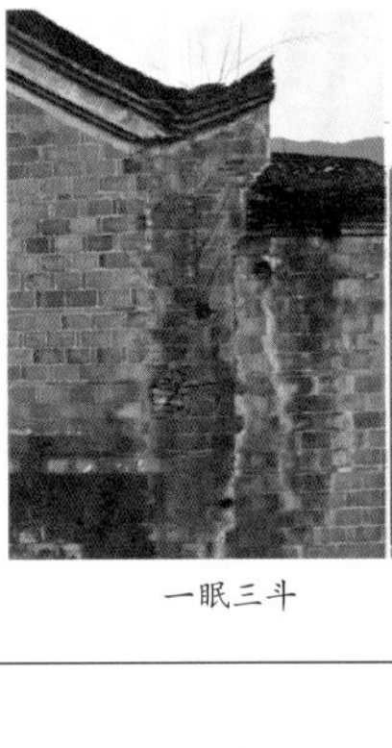  一眠三斗　一眠五斗	1.八字沟主体建筑群建筑外立面与院落之间分隔墙皆为常见的空斗墙，墙基部分以青石条或碎石块砌筑； 2.铺砌形式主要为一眠三斗和一眠五斗

续表4-2

类型	图例、照片	简述
檐口装饰	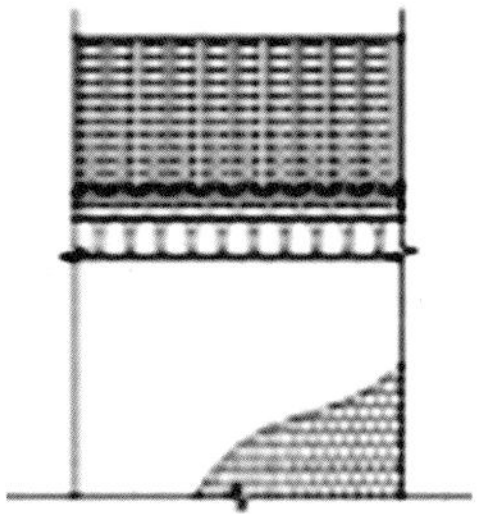 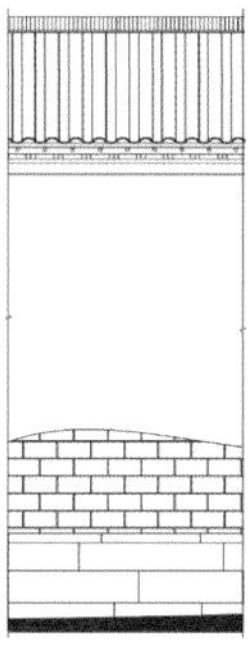   菱角檐　灯笼檐	八字沟建筑中檐口以砖檐形式出现，主要有两种类型： 1.菱角檐，檐下砖成三角形式并列组合出现，也与其他装饰形式结合出现； 2.灯笼檐，主要通过卧砖与立砖叠涩出T形的灯笼形式，支撑屋檐口，简洁明朗，在两两之间通常绘制彩画或砖雕
山墙装饰	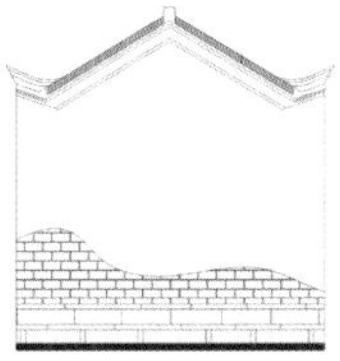 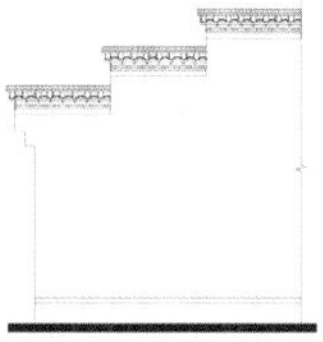   山形　阶梯形	1.山形山墙，主要集中于院房主入口门楼以及祠堂两侧山墙，这在八字沟村落中十分常见； 2.阶梯形山墙，只运用在五进房院落内祖屋的西侧山墙，为“三花山墙”，类似封火山墙，起到一定的防火作用

图4-13　山墙

图4-14　山墙一览

二

八字沟村落建筑屋顶同样受江西文化影响，屋顶组织排水大多是用坡向天井来排水，以达到“四水归堂”的风水效果，屋顶坡向天井的檐口为了防止飘雨和顺利排水，出檐较大，而外部的出檐则用三四皮砖叠涩做成小檐口。屋面用小青瓦覆盖，且小青瓦屋面坡度比较平缓，坡度多为五分水或四分半水，整个屋面平缓舒展。但对屋脊的装饰和美化不是特别重视，简单的屋脊就用小青瓦累叠，两端起翘。仅在建筑入口处或者是祠堂等公共建筑屋面上，屋脊会用瓦搭成各种空花纹状如钱纹、三菱形花纹，或者使用花砖瓦脊。祖屋脊用小青瓦搭成三菱形花纹，在墀头屋脊及入口屋脊上使用花砖砌筑，且屋面做举折，整个瓦面曲线优美（图4–15）。

八字沟传统民居屋顶形式以山形硬山式和悬山式为主，屋顶的装饰主要集中在屋脊线、脊端两处，装饰材料多以砖瓦为主，局部地区使用鸱吻装饰（图4–16），具体表现在：

（1）屋脊线装饰：装饰做法较为简单，屋脊线多以立瓦叠涩形式出现，或以花砖顶形式出现，砖雕手法采用透雕形式，内容题材以植物花卉为主。

（2）脊端装饰：脊端装饰上常用瓦装饰替代，脊头处用瓦或砖垫高，用若干瓦反扣，呈花瓣样式包含屋脊两端。形式简洁美观且不乏向上升腾之势。

图4–15　屋脊装饰

图4-16 屋顶装饰

门窗装饰也是八字沟民居传统建筑的一部分，门的装饰形式主要有门楼式、门罩式、隔扇门式，分别位于进房屋入口、各院落出入口以及建筑檐廊处。窗的装饰形式主要为檐下通风窗、石镂明窗以及槛窗，具体详述见表4-3。

表4-3 门窗装饰形式

门类型	图例、照片	简述
门楼式		1.门楼式具有本地特色，常根据宅主的生辰八字、堪舆论，确定门的倾斜角度。 2.门楼上常开有形式多样的通风洞口，洞口周边多彩绘装饰；门楣、门枕石多采用砖雕石刻装饰
门罩式		1.门罩式多位于院落入口。门罩式是门楼中较为简单的一种。 2.门罩通常只是在门头墙上用青砖垒砌出不同的形状，在顶部砌出仿木结构的屋檐，并雕刻装饰

续表4-3

门类型	图例、照片	简述
隔扇门式		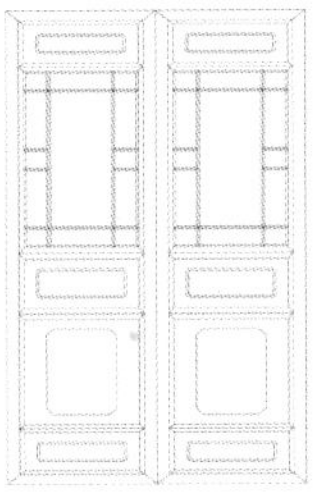  1.隔扇门位于各进房祖屋两檐柱间，以六扇为主，格心以如意样式棂花加套方样式结合。 2.现建筑内隔扇门保存较完整的有一进房和二进房

窗类型	图例、照片	简述
檐下通风窗		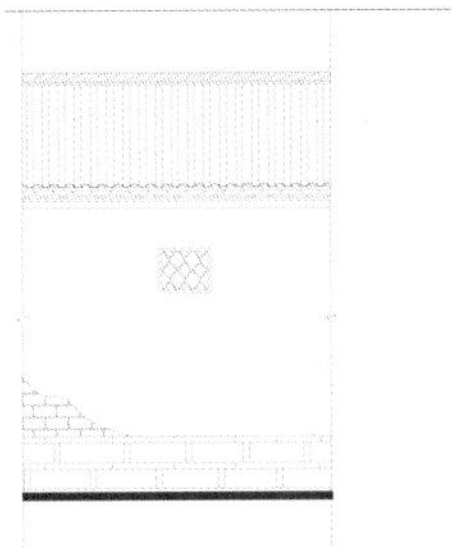  1.檐下通风窗位于檐口或山墙拔檐以下。 2.窗的形式有多边形镂空窗、方木格窗等形式
石镂明窗		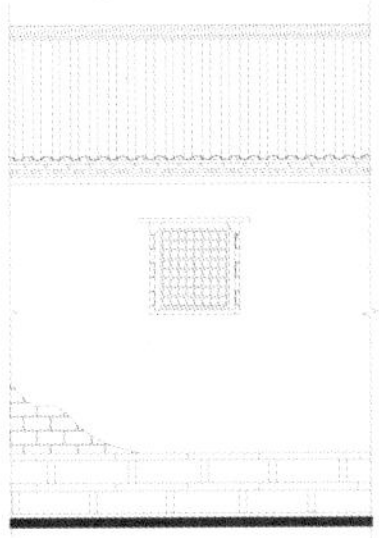  1.石镂明窗，格心以通透为主，利用瓦片的堆叠与拼接形成以多边形、四瓣花形等样式。 2.主要集中在六进房绣楼院落
槛窗		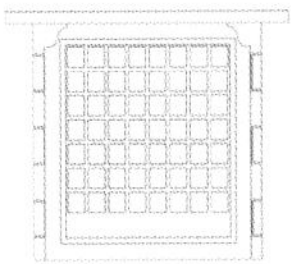 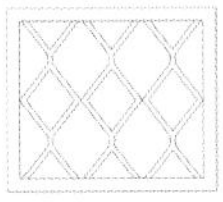  1.槛窗多位于院落正厅两侧墙上身。 2.窗扇格心装饰较为简洁，多以横竖直棱方框出现

八字沟的建筑细部装饰十分精美细致，充分体现了当年华氏一族的富有，以及八字沟的昔日繁华。村落建筑中有部分运用彩绘的装饰，使得饱经风霜的立柱横梁免于潮湿风化腐蚀的侵害。村落中大量采用了各种雕饰装饰细部。雕刻题材内容丰富，有动、植物花纹，人物形象，历史传说故事等。墙上的砖雕，台基阳台石栏杆上的木雕与石雕，副阶乳栿上的木雕都体现出了当时匠人的精湛技艺以及装饰艺术的发达与诗意（图4-17~图4-20）。

图4-17　墙上的砖雕

图4-18　窗上的木雕

图4-19　石基上的石雕

图4-20　副阶乳栿上的木雕

本章应用考古学原理对八字沟民居屋顶、墙体和木构架进行了研究，了解八字沟民居的构造做法，为其原真性保护提供依据。笔者还介绍了对八字沟民居整体格局和细部构造的建筑考古学研究，通过对其整体格局的考古，了解其格局的缺失；通过对其构造的考古，了解其营造技术，为八字沟民居的整体性与原真性保护提供依据。

第五章　现状与续建[①]

题记：以前的八字沟古木参天，百草丰茂，整个八字沟隐没于树林之中。“绿树村边合，青山郭外斜”，人们常常来到这棵古树下祈祷，它像一棵神树，福荫着古朴的八字沟，庇佑着八字沟的子子孙孙，见证着八字沟的过去、现在和未来……

① 本章是参照武汉理工大学的曹功的硕士学位论文《建筑考古学视角下的湖北大悟八字沟民居保护研究》而写成的。

湖北大悟八字沟民居从清朝中期发展至今，已历数百年，现存的传统民居聚落至今亦已百年，它是大别山保留较好的鄂东传统民居建筑群，体现了鄂东传统宗族聚族而居的意识形态下的思想观念、风俗习惯以及生产生活方式。八字沟民居作为研究鄂东传统民居发展史的重要物质载体，具有较高的历史价值。

第一节　山水有情，古韵无价——历史价值

民居主体保存完好，作为一种典型的山地建筑群落，其空间结构与山地空间有效地结合，良好的设计平衡了高差，同时有效地组织山地空间形成多条门巷，利用外部墙体进行防御使整个民居具有良好的安全性；建筑群落中各个天井也能起到通风、聚气的功效。这种布局方式适应了鄂东大别山山区的地理环境和气候特点，对地域性建筑特色研究有着重要的科学价值和实际意义。八字沟居民结合自身居住和安全的需求，在山地环境中因地制宜，营造了优美的景观环境艺术价值，是鄂北乡土聚落的典范。

八字沟民居建筑群内部空间中，交通的线性空间与院落的围合空间的组织成为空间体验序列的核心。从周边山坡远眺八字沟，整体上形成了错落有致的景观效果。民居内部存在有大量的屋脊吻兽，檐口彩绘和浮雕，虽然已有部分遭到破坏，依然是后人对古建筑艺术手法进行研究的有利依据。同时民居内部还残留有大量的带有雕刻的额枋、柱顶石等，都是八字沟民居具有极高艺术价值的有力表现。

但随着时代的发展，不可避免地产生了一些问题，在乡村产业结构的调整和推进城市化进程的大背景下，八字沟传统村落受到了冲击和影响，引发了一系列的问题：人口流失，人口老龄化，缺少维护导致的古建筑质量问题；后来加建或扩建造成的村落风貌格局协调问题；基础设施与配套设施匮乏问题等。要对具有独特历史文化价值的传统村落进行很好的保护和开发利用，解决这些问题至关重要。

历史小城镇的特征集中体现在镇区及其所蕴含的传统文化之中，历史小城镇发展的一个基本因素是老镇区的保护和延续，而老镇区的保护又与发展关系密切。本章主要总结古镇的风貌特色和历史价值，并在此基础上提出古镇的保护和发展构想。

历经百年沧桑的八字沟民居局部院落损毁严重，部分建筑屋架完全坍塌，少数建筑完全损毁仅剩遗址，整体格局不够完整（图5-1）。通过对八字沟民居测绘调研与勘察，其建筑现状（表5-1）保存情况可分为五类，具体见表5-2。

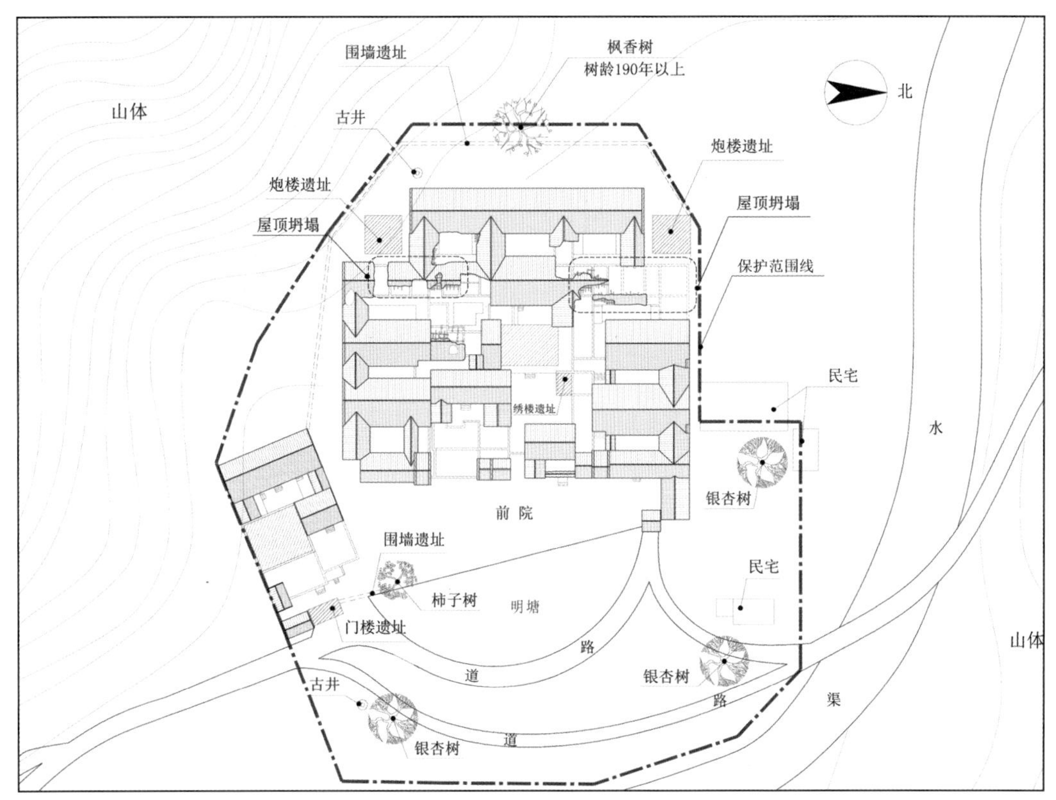

图5-1　八字沟民居现状总平面图（自绘）

表5-1　八字沟现状

自然环境		人文环境		人工环境	
山体	由北部五岳山、西部娘娘顶、南部大悟山、东部仙居顶围合形成天然屏障	区域文化	受赣文化影响，但损坏严重	建、构筑物	多为两进或者四进合院式建筑，多房一祠堂
水体	村落内有明塘、蓄水	风水	负阴抱阳、背山面水	交通	从大悟县城西侧G4京港澳高速转宣悟线或从南面走304省道穿毛新线、新彭线、宣悟线可到达
气候	寒暑分明，北亚热带季风气候区	血缘	以华氏一族为宗亲，典型家族型村落	广场	没有较大的聚散场地，相对缺乏活力
石桥	连接村落与外界的纽带，承载着村民生活的记忆	人口	大部分以耕田为生，年轻人外出务工，老人留守	街巷	依当地地形坡地而建，村内建筑单体依靠巷道联系
农田	依靠村口明塘蓄水，维持居村民的生计	革命传统	大悟县留下了周恩来、董必武、李先念、徐向前、王震、徐海东、刘华清、任质斌等老一辈无产阶级革命家的光辉足迹，培育了37位中华人民共和国开国将军	公共设施	排水系统不够完善，公共设施不足，消防设施缺乏
景观	山川，河流，农田，植被，沿街立面等				

表5-2 八字沟民居现状保存情况分类

类别	简要说明	分布示意图
基本完好	大部分的木构架、门、窗等保存完好，房间格局保留完整，少量瓦件滑落，各部分破损都不严重的建筑（右图黑色部分为房屋保留完整部分）	
局部损毁	建筑格局保留较好，其余各部分构件有少量破损，木构架少量糟朽仍可承重，且可判断原始风貌的建筑（右图黑色部分为房屋少量破损部分）	
严重损毁	破损较为严重，墙体垮塌损毁较多，屋架损毁严重、屋面残缺不全，瓦片大量滑落，格局保留不清晰的建筑（右图黑色部分为房屋破损较为严重部分）	
完全损毁	完全损毁，现场只有少量遗存的建筑（右图黑色部分为绣楼、硐楼少量遗存建筑）	
重建、新建	原建筑被拆毁、就地新建现代砖混结构或村民自行新建的与原始风貌不符的建筑（右图黑色部分的房屋为现代砖混结构或村民自行新建建筑）	

八字沟民居东北角和东南角院落由于尚有村民居住，保存相对较好；东部和西部院落局部损毁，部分屋架、墙体轻微损毁，屋面瓦件少量滑落；西北角和西南角院落损毁严重，屋架、墙体大量坍塌；西北角、西南角和中部还有三处建筑遗址。八字沟民居整体格局不够完整，原始风貌也受到了较大破坏。因此，本文引入建筑考古学的研究方法，以复原研究为核心的建筑考古学，对恢复八字沟民居的整体格局更有帮助。通过对建筑格局的考古，分析损毁建筑的形制和功能，通过对建筑细部的考古，解读建筑的原始风貌，更有利于八字沟民居原真性的保护。

院内天井

第二节　考古推论，修旧如旧——风貌修复

一

“被纳入湖北省文物保护单位的八字沟古民居建筑群现在大多已年久失修，墙倒屋塌，危机重重。”民居多为砖木结构，由于建筑年代久远和地理位置较为偏僻，如今只有少数人居住，有部分建筑由于年久失修出现坍塌的情况。这类建筑不但不会被修建，反而会被人为地二次毁坏用作牲畜的圈养所。正是地理位置的偏远和传统建筑的未及时保护和修缮，加之当地居民的不合理使用，加快了其破损的速度。图5–2所示为建筑老化的现象。

此外，八字沟传统村落的基础设施建设方面严重不足，村落内建筑内部线路架设混乱，极大地破坏了村落的整体风貌，同时也为村落建筑及居民的安全埋下了重大的火灾隐患。

图5–2　建筑老化的现象

电信及网络的线路基本没有纳入村民考虑范围内。因此，对于村落基础设施的改善主要从管线的整体规划设计着手，按照相关的设计要求合理布置管道走线、大小及间距，解决隐患的同时消除混乱管线对整体风貌的不良影响。

八字沟村落内居民建筑由于功能的不完善，许多住户缺少独立的卫生间，故而在村落建筑的周边及空旷地带随意搭建简易旱厕。至于垃圾集中收集点，只有村落主街的尾端有一处简易露天垃圾池，甚至还有许多住户习惯性地就近往主街道路边及风水塘内倾倒生活垃圾。关于公共照明设施部分，目前仅有在村落入口处设置一处小型路灯，且因年久失修已无法正常使用。这些公共设施的稀缺不仅给生活带来不便，也影响了村落整体风貌。

面对种种问题，引入建筑考古学的研究方法迫在眉睫。在论述建筑考古学研究对象和研究方法的基础上，将建筑考古学运用于八字沟民居的保护研究之中。对八字沟民居的建筑考古学研究分为两个部分：一是对其整体格局的考古，推测其整体格局的缺失部分和演变过程，为恢复其完整格局提供依据；二是对其构造的考古，研究其构造做法和形式，为其原真性保护修缮提供论据。在此二者的基础上，通过对建筑遗迹的观察与分析，以及考古学中的类型学研究和文献考古等研究方法，对八字沟民居损毁的寨门、望楼、绣楼进行考古推断，以恢复八字沟民居的完整风貌，从而对八字沟民居进行更好的保护。

建筑考古学的重要意义不言而喻，如果没有建筑考古学，很多研究工作只能停留在纸面或者对建筑遗迹的现状描述上。八字沟民居局部院落损毁严重，有必要用建筑考古学的研究方法对八字沟民居进行深入研究，通过对八字沟民居整体格局和细部构造的考古研究，对八字沟民居进行全方面解读，为其原真性与完整性保护、恢复原始风貌提供依据。

对八字沟民居的整体格局进行考古，是恢复八字沟民居原始风貌的必要过程，通过对损毁建筑遗址的观察与分析，推测建筑原来的功能和形式，分析八字沟民居格局的演变过程，为八字沟民居的原真性保护提供依据。

前文已有介绍，八字沟民居属于血缘型民居聚落，华氏家族族谱中也记录了这一点。在鄂东北地区，家族聚集而居十分普遍，如大悟县丰店镇九房沟村为颜氏家族聚落、大悟县阳平镇蒋家楼子为蒋氏家族聚落等。血缘型聚落有一些共同的特点，有助于八字沟格局的考古。

在血缘型聚落中，祠堂扮演着重要的角色，以祠堂为核心的家族文化深深影响着华夏子孙。然而，在八字沟民居调研的过程中，并没有发现祠堂的踪迹，这显然是不合理的。在八字沟民居漫长的发展过程中，祠堂的功能已经发生转变，由原先的祭祀功能转变为居住功能，因此不易发现。八字沟民居东南角有一座独立的院落，经推断其原功能也非祠堂，原因有三：首先，从环境角度上来看，其建筑格局并不理想，这与传统的祠堂选址理念不符；其次，从位置上来看，该院落位于八字沟民居入口处，防御性较差；最后，从建筑规模上来看，八字沟民居并不需要单独设置规模如此之大的祠堂。

事实上，我国传统村落中，祠堂分为三种：宗祠、支祠和家祠。其中，宗祠级别最高，通常是一个村落布局的中心；支祠是村落中某个组团的中心（在小型村落中，宗祠和支祠仅设一个）；而家祠通常设置在自己家里面。因此，可以推断八字沟民居的祠堂应属于家祠这种形式，即“祠宅合一”。“祠宅合一”的模式在鄂东北民居也有先例，这种模式通常发生在移民而来的聚落中，是因其迁移生活的不稳定、家族还没有壮大，或是经济条件还不成熟的无奈选择[①]。既知八字沟民居存在家祠，则必然有一间祖屋来供奉祖先牌位。

---

① 谭刚毅，刘勇.一个无人区边的移民聚落的案例研究[J].城市建筑，2011（10）：31-35.

在对八字沟民居进行测绘的过程中，发现4#院周围存在一圈明沟（图5–3），这在其他院落中并没有发现。明沟一般存在于建筑外围，而建筑内部为了美观多采用暗沟的形式。在建筑外墙上，4#院外墙与1#院外墙之间有一条明显的缝隙（图5–3），且两道外墙阶条石基础也不相同，足以说明两道墙并非建于同一时期。由此推断4#院建成时间最早，这也解释了4#院门楼比其他门楼更简陋的原因：早期华氏家族财力不足，建筑形制较为简陋，后期随着财富的积累，建筑体量变大，装饰也更加丰富。

4#院最早建成，是八字沟民居最早的祖屋，在建筑群落中还存在多处墙体之间的缝隙，说明了八字沟民居并非一次完工，而是由祖屋逐渐向外扩散，一步步发展为如今所见的规模。通过对八字沟民居现状的考古分析，认清了八字沟民居的发展演变过程，从而更好地对其进行保护。

八字沟民居7#院落（图5–4）是损毁较为严重的院落之一，其主屋已被改建为现代砖混结构建筑，另有一座建筑完全损毁，墙基依稀可见。据当地人称，损毁的建筑曾经是一座绣楼，绣楼下方是小花园。但是绣楼在鄂东北传统民居中并不常见，其存在的真实性还须考证。

图5–3　建筑外围明沟

二

绣楼是女子出嫁前生活的场所，它的产生源自中国传统的“男尊女卑”的封建思想，女子在出嫁前是不能离开绣楼的。在封建社会，女子受到较大的束缚，其生活的地方通常比较隐蔽隔绝，基本不与外界交流，正如白居易名诗《长恨歌》中所云：“杨家有女初长成，养在深闺人未识。”故而古代未婚女性的居住空间逃不过它隐蔽、隔绝的历史属性。

在八字沟民居中，最隐蔽的院落要数北面的三个院落，因其离八字沟民居入口最远，是第四进院落。但是笔者在现场勘查时发现，北面三进院落主屋的每一间房都是连通的（为增强防御性，前文已有论述），这显然不符合女子住所闺房隐蔽的要求，其他院落也没有合适的闺房位置，反而7#院通过院墙和房间以及合理的交通组织能够营造出一个相对封闭的空间（图5-4），且7#院落中间是一片空地，不像其他院落一样存在天井，这正好与绣楼下方是小花园的说法不谋而合。另外，7#院现存一道高墙（图5-5），高墙的存在也证明了此处必然有一栋2层的建筑，在八字沟民居中，只有绣楼是2层。因此，“7#院损毁建筑原为绣楼”这种说法是成立的。

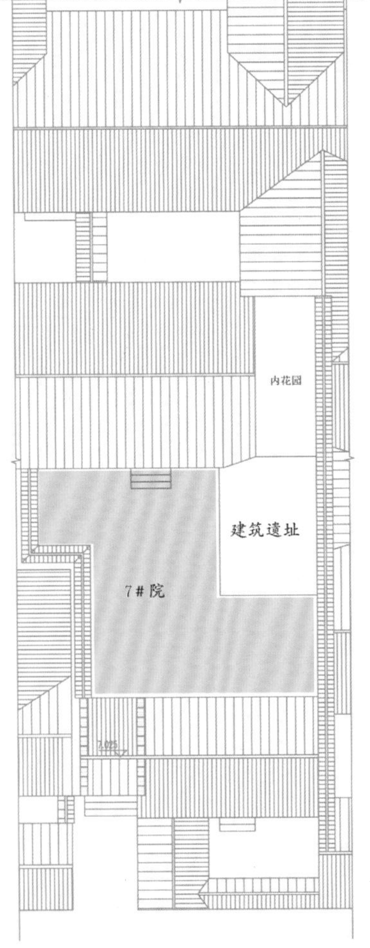

图5-4　7#院现状平面图

图5-5　家丁院与主体建筑连接墙

八字沟民居东南角现存一进独立的院落（14#院），与主体建筑仅一墙相连（图5-6），前文论述了其为八字沟民居祠堂的可能性，最后得出的结果是否定的，其原功能还需进一步推断。在鄂东北其他地区，如戴家仓屋和柯家寨，其寨门旁还均设有一排供守卫寨门的家丁居住的房屋，类似营房的功能[①]。因此，14#院为家丁院的解释更为合理，主、仆分开居住，互不干扰，且家丁院靠近八字沟民居入口，当有外敌来袭时，能第一时间冲上“前线”，保卫主人安全。

图5-6　院落遗存高墙

三

八字沟民居也是一座带有防御性的民居聚落，从其隐蔽的选址和外墙上多次出现的六边形枪眼便可窥见一斑，因此八字沟民居可以定义为：家族卫戍型聚落[②]。卫戍型聚落的特点在于其多层次的防御空间，然而八字沟民居的防御空间并不完整，需对其格局进行考古研究，以推断其功能上的缺失。

① 陈小将.鄂北家族卫戍型聚落研究——以随州和孝感地区为例[D].武汉：华中科技大学，2013.

② 李晓峰，谭刚毅.两湖民居[M].北京：中国建筑工业出版社，2009:53-56. 书中指出：聚落分为血缘型聚落、地缘型聚落、业缘型聚落和戍防型聚落四种，而戍防型聚落又存在家族卫戍型、地方寨堡型、要塞防卫型三种类别。

寨门是进入聚落内部的入口，也是卫戍型聚落中重要的防御要素。八字沟民居入口在南侧，北侧现存一座寨门，南侧却空空如也，这并不符合逻辑，因而很容易推断南侧也曾有一座寨门，只是现在已经损毁。现场遗迹也印证了此推断：民居南侧入口处现存一道带有青条石门枕石的残缺墙体（图5-7），为原寨门的一部分，证明了此处寨门存在的真实性。

自古以来，我国就有“筑城以卫君，造郭以守民，此城郭之始也”①的营造理念，“郭”即指外城墙，体现了古人对围墙的重视。在卫戍型聚落中，第一层防御空间通常是由山体、水体等天然屏障和寨门、围墙、明塘等人工防御构筑物共同组成，形成一个相对封闭的空间，这是其第一道防线。围墙是人工防御构筑物中不可或缺的一部分，能够有效抵挡外敌蜂拥而上，增强聚落的防御性。鉴于围墙的重要性，很容易推断八字沟民居的围墙已经倒塌，在勘查现场的过程中，可以发现八字沟民居北侧、西侧以及明塘两侧存在少量围墙的遗址（图5-8）。

图5-7　寨门遗址（自摄）

图5-8　围墙遗址

① 赵晔．吴越春秋[M]．北京：北京燕山出版社，2010.

望楼也称作炮楼，在南方客家地区称作碉楼，虽建筑形态和名称略有区别，但功能是一致的。望楼通常占据聚落的制高点，起到瞭望放哨的作用，整个聚落的情况尽在其掌控之下，同时，望楼中通常设有土枪土炮，具有较强的攻击性。整个望楼易守难攻，与门楼及民居外墙构成了卫戍型聚落的第二道防线，是防御型构筑物中最重要的组成部分之一。

八字沟民居现存建筑中并没有发现望楼，故推测望楼已损毁。在八字沟民居西南角和西北角各有一处方形建筑遗址，西侧为八字沟民居地形最高的地方，因此西侧两处建筑遗址应为原望楼遗址，此结论也得到当地老人的证实。

通过对八字沟民居格局进行的考古学研究，确定了主寨门、绣楼和两座望楼已经完全损毁，本章则对其所存遗址进行进一步的考古学研究。试图通过对遗迹的观察与分析，以及考古学中的类型学等研究方法推断寨门、望楼及绣楼的原有形制和建筑形态，以期恢复八字沟民居的原始风貌和整体格局。

八字沟民居主寨门的考古推断，主要依据于对八字沟民居现状遗存的观察与分析，因为八字沟民居现存有一座寨门，且民居内部有数座门楼遗存。寨门和门楼的功能相似，区别在于寨门在民居建筑的外围，与围墙相接；门楼在民居的内部，与建筑相接。由于原有建筑风貌的一致性，对现存寨门和门楼的分析是推断已损寨门形制的最好证据。

八字沟民居现存一个寨门和五个门楼，除最南边第一进院落入口的门楼保存相对完好，其余门楼和寨门均有不同程度的损毁（表5-3）。通过对比分析这些建筑遗存，提取设计元素，能为主寨门的形制推断提供很大帮助。

表5-3　八字沟民居现存寨门和门楼

类型	实景照片	建筑形式	现状描述	可提取元素
寨门	 现存寨门	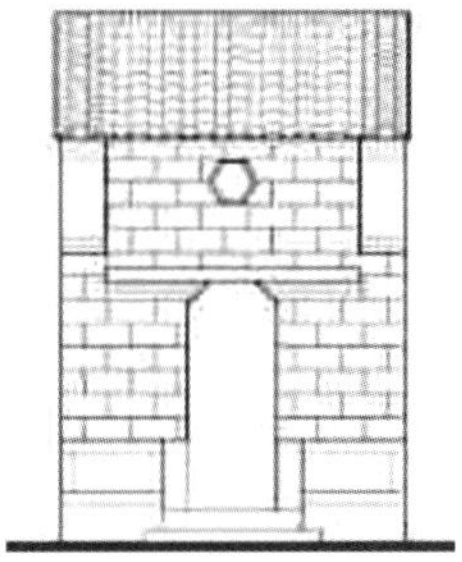 现存寨门	现存寨门体量较小，为悬山屋顶（疑后期改建，前文已述），无门楣，现存青石条门枕石，单层叠涩墀头，正面封护檐墙，阁层较矮，屋脊损毁	1.单层墀头； 2.正面为护檐墙，椽头不外露； 3.青条石基础，青砖灌斗墙

续表5-3

类型	实景照片	建筑形式	现状描述	可提取元素
	 现存门楼1	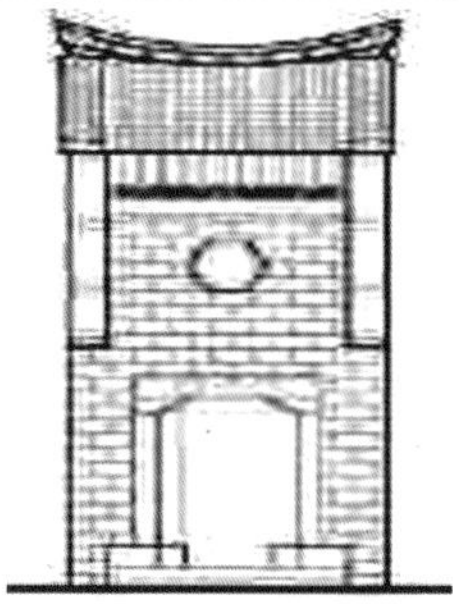 门楼图示	现状保存较好，三层叠涩墀头，檐下有木质船篷轩和精美镂空木雕，清水屋脊有镂空脊饰，屋脊两端起翘，脊头下端有环包层，硬山屋顶，小青瓦屋面，无沟头滴水	
	 现存门楼2	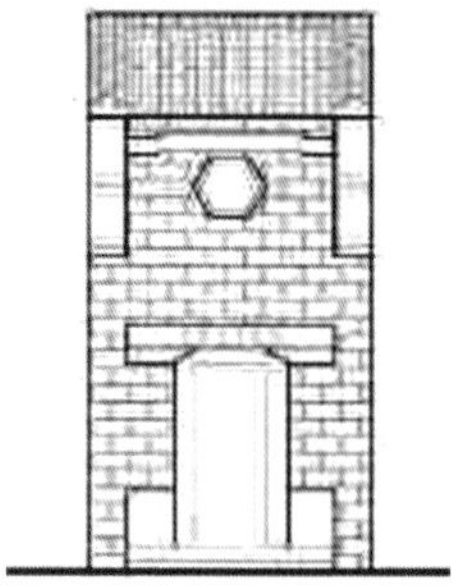 门楼图示	双层叠涩墀头，屋脊为游脊，小青瓦干垒而成，无脊饰和脊头，檐下无精美装饰，仅额枋	
门楼	 现存门楼3	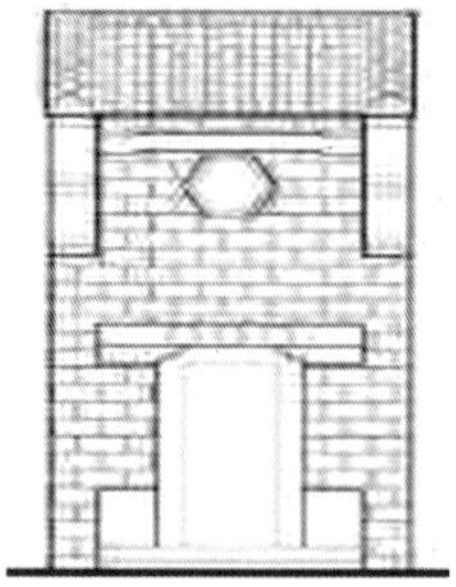 门楼图示	双层叠涩墀头，清水屋脊有镂空脊饰，檐口外挑，无装饰，仅一道额枋；山墙面灰塑博缝，出檐线两层，现存无彩画	1.清水屋脊，两端起翘，镂空脊饰； 2.硬山屋顶，小青瓦屋面，无沟头、滴水； 3.青条石门楣，门楣上有石雕； 4.青条石门枕石，无雕饰； 5.双层有隔层，隔层设枪眼； 6.山墙面有灰塑博缝，出檐线两层； 7.青条石基础，清水砖墙面，青条石门楣、门枕石外露
	 现存门楼4	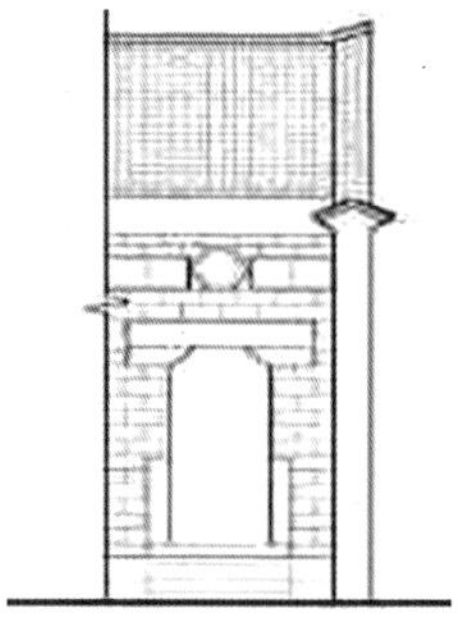 门楼图示	现存巷道处门楼，屋面为主屋屋面的延伸，屋脊为游脊，两端微微起翘，檐下有精美石雕，无墀头	
	 现存门楼5	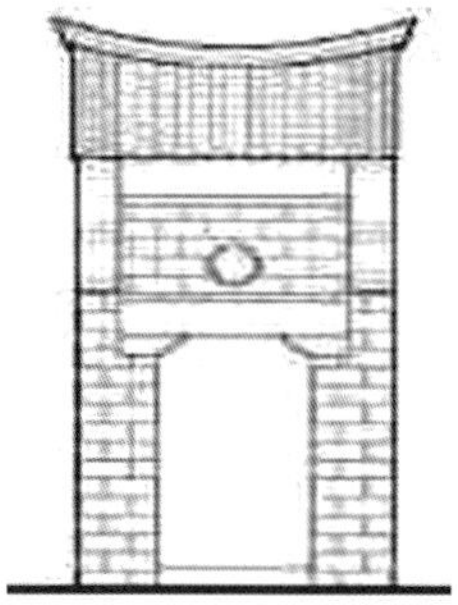 门楼图示	民居内部门楼，双层叠涩墀头，游脊 两端起翘，青条石门楣外露	

现存建筑的形式是推断损毁建筑形态最好的参照，能反映出大量历史信息，但不是所有信息都能用于推断损毁建筑的形态，需要加以分析和鉴别。

四

八字沟民居现存的寨门在北端，建筑尺度较小且装饰简陋，从其位置和装饰来看，应为八字沟民居的副寨门，类似于村落的后门（图5–9）。而寨门遗存在其南端，且靠近主入口，应为主寨门（图5–10）。

在主寨门遗存仅有一道宽1m、高2.2m的青砖灌斗墙，下部青条石门枕石清晰可见，距离右侧明塘6.6m。遗存墙体左侧现存一栋一开间土坯砖平房，现为厨房使用，其墙基、墙身材料、屋顶做法等与八字沟民居原风貌均不同，推测其为后期加建。明塘右侧靠近遗存墙体处现存一小段围墙遗存，围墙应直接与寨门相连。经清理寨门遗址地面黄土，隐约可见原寨门基础，面宽5.1m、进深3m。

八字沟民居现存副寨门为悬山屋顶，前文已经分析其原风貌应为硬山屋顶，因此推断主寨门也为硬山屋顶。副寨门正立面为封护檐墙，而其他门楼均檐口外挑，与墀头相接。主寨门正立面的檐口形式，须从寨门和门楼的具体功能出发加以推断。寨门和门楼的功能均为通行、防御和美观，虽功能相近，但各有侧重。主寨门为进入八字沟民居的第一道大门，其防御性应为首要考虑因素，并兼顾一定的美观性，而门楼为民居的“脸面”，美观性是首要的。从防御性来看，封护檐墙的防御性更好，更坚固封闭，因此推断主寨门正立面为封护檐墙形式。

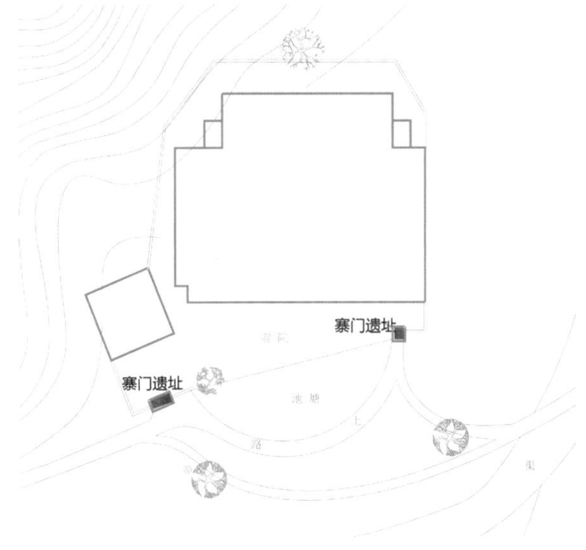

图5–9　寨门位置分析

图5–10　主寨门遗存现状

另外，根据现存门楼和副寨门的建筑形态，能够提取很多有用的设计元素用于推断主寨门的建筑形态。可得出结论：主寨门外墙为青砖灌斗墙，硬山屋顶，山墙有灰塑博缝，出檐线两层，墀头形式可参考副寨门；屋脊为清水脊，类似于门楼做镂空脊饰。高度为两层，一开间，第一层作为出入门洞的交通空间，第二层作为瞭望、放哨、射击的防御空间，门洞宽度要适应马车的出入，适当加宽。根据这些建筑特征，大致可以推断出八字沟主门楼的原始形态。

根据对现存副寨门和门楼的测绘调研以及建筑形态的观察与分析，总结主寨门的建筑特征，进而推断主寨门的原始形态（图5-11），这是建筑考古学的研究方法之一。建筑考古学的核心是复原研究，复原研究并非将建筑复建，其意义在于揭示古代建筑的整体格局、样式与特征。

八字沟民居是文物建筑，根据我国文物法中的规定，其损毁的部分原则上不允许重建，应实施遗址保护。但这样会造成八字沟民居家族卫戍型聚落的寨堡格局不复完整。鉴于此，可以采取搭建临时构架的方式（图5-12），一方面起到揭示八字沟民居的完整格局和原始风貌的作用，另一方面由于临时构架的可逆性，方便拆建，不会对历史遗存造成影响。另外，还可以赋予临时构架新功能，一举多得。

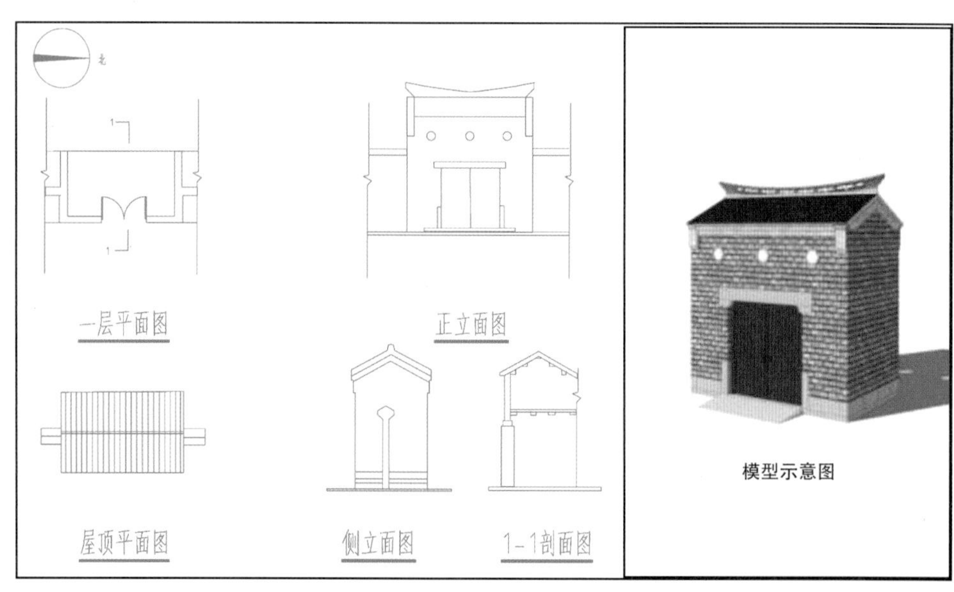

图5-11　主寨门的原始形态推断

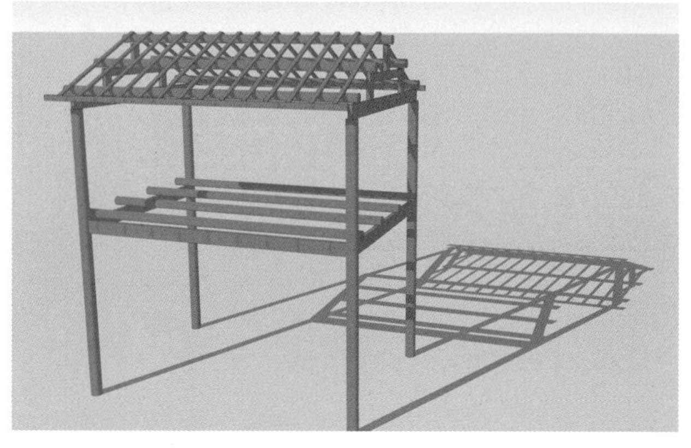

图5-12　寨门临时构架

八字沟民居历史上的两座望楼均已损毁，从现存建筑中只能推断其大致建筑风格，具体形态则无从得知。因此，有必要运用考古学中类型学的研究方法，对各地区的望楼进行类型学分类（表5-4），找到望楼的原型，并根据八字沟民居望楼的遗址情况，确定其类型，最后结合八字沟民居的建筑风格，推断八字沟民居望楼的原始风貌。

望楼的起源最早可追溯到汉朝时期的"坞壁"，坞壁是一种住宅形制，即平地建坞，围墙环绕，前后开门，坞内建望楼，四隅建角楼，略如城制[①]。望楼主要起瞭望、放哨、射击的作用，防御性较强。在我国传统民居中，望楼是普遍存在的一种建筑形式。因民族文化的区别，望楼在不同的地方有不同的叫法，如炮楼、枪楼、碉楼等。笔者对现存望楼所做的梳理中，望楼的平面形式和形态特征是分类的主要标准，主要有五种类型，每种类型又可进一步细分为不同的子类型，根据对子类型的分析研究，对各种形式的炮楼进行全方位解读，为八字沟民居望楼的原型推断提供依据。

表5-4　望楼类型学分类

平面类型	编号	地点	平面形式	建筑样式	说明
类型1：凸角四角楼型碉楼	1a	开平市赤坎镇三门里村（迎龙楼）			三开间、三层双坡顶，石块建成，距今400年历史
	1b	南雄市衹芫区横石街村			三开间、三层坡屋顶、三层四角外挑，当地俗称"燕子窝"
	1c	始兴马市镇柴塘村告岭村炮楼			二开间，坡屋顶，三层"燕子窝"为折角形
	1d	阳江市合山镇邓水村（竞武楼）			仅在两个方向设置凸角

凸角四角楼型碉楼多存在于广东客家地区，通常高三层，有的甚至五层。因靠近沿海地区，社会动荡不安，因此碉楼体量大、防御性强，多独立设置。在开平地区存在大量中华民国时期所建的碉楼，大多是中西合璧式的建筑，故不在本章讨论范围之内

① 潘谷西.中国建筑史[M].北京：中国建筑工业出版社，2004.

续表5-4

平面类型	编号	地点	平面形式	建筑样式	说明
类型2：矩形平面望楼	2a	随州市新城镇戴家仓			硬山屋顶，单开间
	2b	随州市小林镇后家老湾	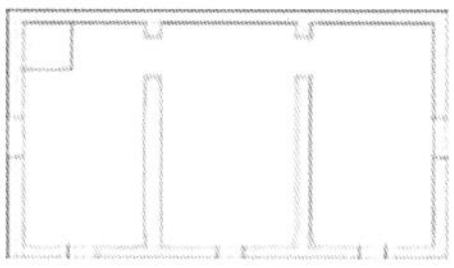		硬山屋顶，三开间
	2c	安顺市西秀区七眼桥镇本寨			悬山屋顶，单开间
	2d	梅州市梅县区南口潘屋	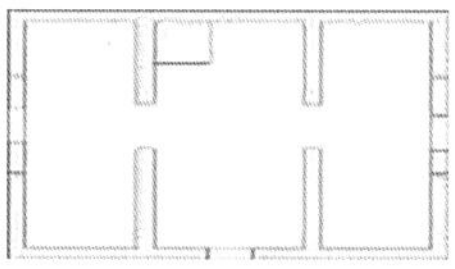		悬山屋顶，三开间
	2e	安顺市西秀区大西桥镇鲍家屯村	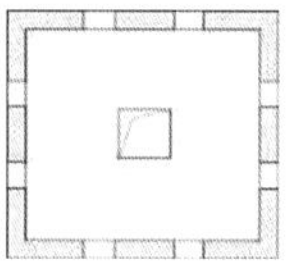		歇山屋顶，平面接近正方形
	2f	梅州市梅县区瑶上罗屋	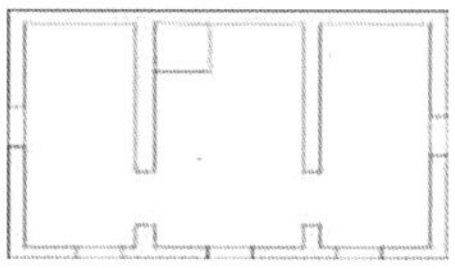		歇山屋顶，三开间
矩形平面的望楼是最常见的平面形式，在中国各地区均有发现。受地域文化和地理环境的影响，望楼建筑屋顶形式有所区别					

续表5-4

平面类型	编号	地点	平面形式	建筑样式	说明
类型3：星形平面碉楼	3a	甘孜州道孚县扎坝地区的莫罗村			外部十三角形平面，内部为圆形
	3b	康定县朋布西乡热么德村			外部为八角形平面，内部为圆形
	3c	阿坝州马尔康镇			外部为六角形平面，内部为圆形
星形平面碉楼多存在于羌、藏族地区，层数较高，在当地也称为“高碉”。平面外部呈现多角形的“星形”形态，内部实为圆形或方形的规整平面，墙体较厚，防御性强					
类型4：圆形平面望楼	4a	滨州市惠民县魏集镇魏氏庄园			建于清光绪十六年，是目前发现的我国最大、保存最完整的清代城堡式民居
圆形平面的望楼在我国现存望楼实例中并不常见，应区别于战争时期所建的碉堡					
类型5：六角形平面望楼	5a	简阳市五星乡的梓桐村			建于20世纪初，由青条石砌成，十分坚固
六边形平面的望楼在我国现存望楼实例中也不常见，是建设者审美观念的体现					

注：①类型1的资料来源于《第十五届中国民居学术会议论文集》中张一兵的《迎龙楼与“开平碉楼”的关系》。

②类型2的资料来源于2017年第5期的《华中建筑》第107-112页的《建筑考古学视角下的湖北大悟八字沟民居保护研究》（陈李波，曹功，徐宇甦著）。

③类型3、类型4、类型5的资料均来源于北京大学的黄晓帆的硕士论文《四川西部碉楼建筑的初步研究》（2008年）。

类型1主要在广东客家地区，“方桶形”碉楼是最简单的平面形式。为了增加碉楼的射击范围，开始设置“燕子窝”，如表5-4中1b和1c类型，它们的区别在于“燕子窝”的形态，有直角形或折角形。随着建筑形式的继续发展，“燕子窝”落地，便形成了凸角四角形的平面形式，如1a和1d类型，区别在于两方凸角和四方凸角。因此，凸角四角形碉楼是在方桶形碉楼的基础上，根据功能需要，逐步演变的结果。

表5-4所示的类型2中矩形平面的望楼，是我国汉族传统村落中最常采用的形式，尤其是硬山屋顶的2a类型，为了增加望楼功能的多样性，由一开间增加为三开间，可兼做仓库使用，于是产生了2b类型。2c和2e类型则是在建筑形态上进一步发展的结果，丰富了屋顶的形式，2d和2f则是增加开间数的结果。因此，2a类型是矩

形平面望楼最基本的形式。

表5–4所示的类型3主要存在于我国西部羌、藏族等少数民族聚居的地区，选取当地石材建成，地方特色浓郁。星形平面碉楼最早出现在南宋时期，后其形制逐渐由繁向简转变为四边形，如3a类型的十三角形平面简化为3b类型的八角形平面，再度简化为3c类型的六角形平面，转变原因可能是为了适应抗震需要而进行的一种改进，也可能是碉楼功能发生转变所致，还可能是受到某种外来文化的影响等[①]。星形平面碉楼尚未在汉族聚居的聚落中发现，可以说是羌、藏族地区特有的建筑类型。

表5–4所示的类型4的圆形平面望楼现存实例较少，圆形平面在我国古建筑中也不常出现。魏氏庄园的主人将望楼修成圆形，或许是出于增强庄园防御性的目的，毕竟圆形望楼视野更好，射击范围也更广。

表5–4所示的类型5的六边形平面望楼实例也较少，六边形望楼强调竖向线条，外观给人硬朗的感觉，是建设者审美观念的体现。

五

八字沟民居两座望楼遗址分别位于其西北角和西南角（图5–13），经测绘调查，发现两座望楼完全对称，因此两座望楼建筑形制也应一样，现以西北角望楼遗址为分析对象。

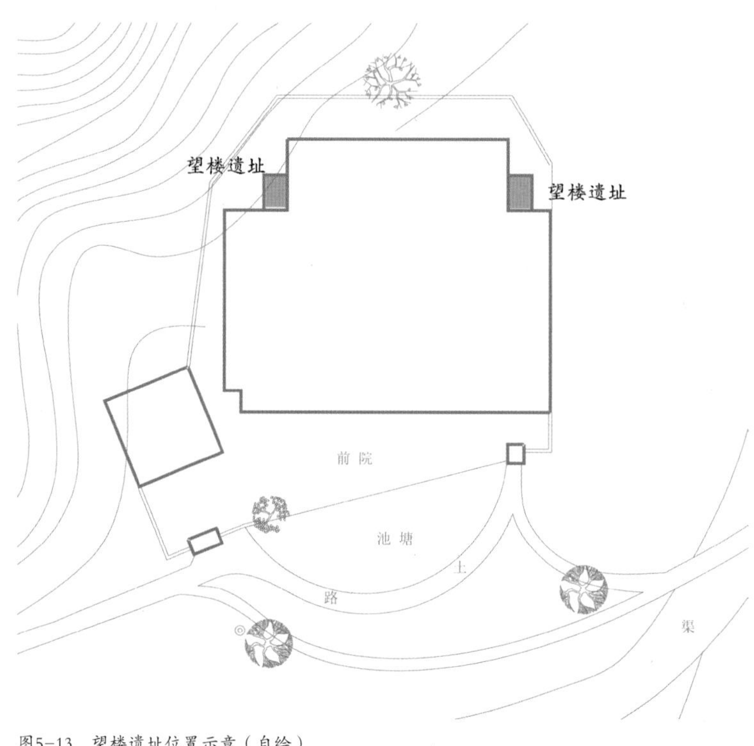

图5–13 望楼遗址位置示意（自绘）

① 黄晓帆.四川西部碉楼建筑的初步研究[D].北京：北京大学，2008.

在八字沟民居西北角望楼遗址处墙体上，可以清晰地看见另一道墙体与之搭接的痕迹和数个插檩条的洞口（图5–14），洞口形状均不规则。倘若这些洞口在修建该墙体时便预留了位置，那么洞口形状应是规则的。因此，推断这些洞口是在墙体修好后才敲击形成，即望楼的修建时间晚于八字沟民居主体建筑，这也印证了前文的分析。这些洞口所插的檩条并非用来承载望楼的屋面，而是用来承载望楼与主体建筑之间过道的屋面，因为望楼屋面的高度应远高于此。在遗址里有一处接近矩形平面的石堆，疑似望楼的墙基，据此可以推断望楼的大致平面尺寸：开间4.9m，进深3m。望楼通过围墙与八字沟民居主体建筑相接，形成一个完整的寨堡型格局。

根据对八字沟民居望楼遗址的分析，推断其平面形式为矩形，属于前文列举的类型2。类型2根据开间数和屋顶形式又可细分为6种子类型，其中单开间、硬山顶的2a类型最适合八字沟民居的望楼形式，再根据八字沟民居现状遗存情况，可推断其望楼形式为硬山屋顶，单开间。

八字沟民居望楼开间不大，在对八字沟民居结构形式考古的过程中发现，开间较小的房屋通常采用“硬山搁檩”的形式，将檩条直接插入两侧山墙，不设梁柱，由山墙承重，以节省木料。因此，望楼最可能的结构形式就是“硬山搁檩”。八字沟民居外墙多用350mm厚青砖灌斗墙，内隔墙用300mm厚青砖灌斗墙或300mm厚“下青砖上土坯”的混合墙体。望楼的第一要素是坚固耐久，因此推断望楼墙体采用350mm厚的青砖灌斗墙，墙基则为青条石砌筑。望楼的建筑风格则与八字沟民居的整体风格保持一致，屋脊为游脊、两端微微起翘，檐

图5–14　望楼遗址现状（自绘）

下为平水叠涩两层、两端有简单墀头，山墙有灰塑博缝、出檐线两层，外墙上开有射击、瞭望口，参照现有形状为正六边形。望楼平面内不设楼梯，通过爬梯上下。另根据当地老人的描述：八字沟民居望楼高3层，从瞭望口可以看到民居前的明塘。由此，可以推断出望楼的原形制（图5-15）。

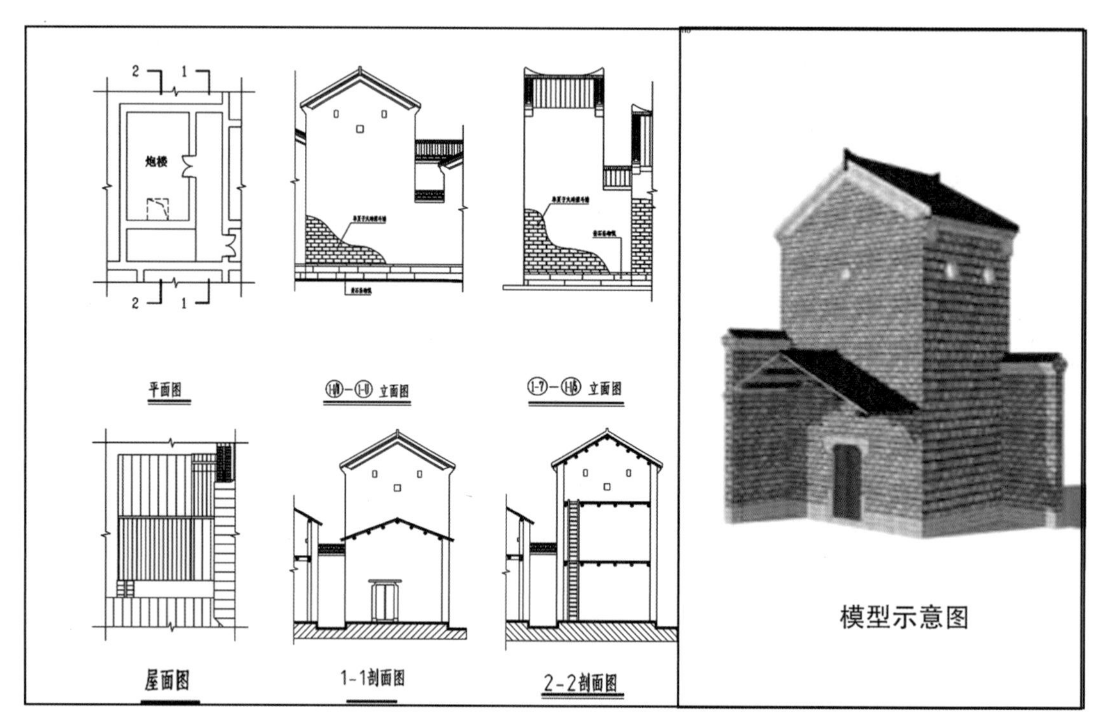

图5-15　望楼的形制推断

另外，望楼与主体建筑之间过道的屋面与外墙的搭接方式是一个值得注意的问题。一般情况下，屋面檐口与最近的墙体须保持一定的距离，这样从屋面流下的雨水就不会对墙体产生冲击；否则，长年累月，墙体会受到雨水的侵蚀。然而，从现场遗迹可以看到，屋面的檐口与墙体几乎挨在一起（图5-16），这显然不符合常理，雨水会直接冲刷墙体。在八字沟民居南面的一进院落中也出现了这样的问题，建设者通过巧妙的设计将其解决。方法是将墙体开洞，让屋面从中穿过，在屋面檐口下方做平水叠涩两层，形成封护檐形式，墙体的洞口再根据盖瓦的间距进行分割，形成一个个小洞口（图5-17）。这样既能有效排水，又兼顾美观，设计十分巧妙。作为借鉴，望楼处过道屋面也应是这种模式。

望楼仍可采用搭建构架的模式将其重新搭建，由于仅是构件没有山墙，因此不能像原形制一样采用“硬山搁檩”的结构形式，故用不锈钢材料按照抬梁式屋架的形式将其搭建（图5-18）。望楼是家族卫戍型聚落不可或缺的部分，临时构架的搭建一方面为了反映望楼的体形，另一方面则是为了恢复八字沟民居的完整格局，让人们更好地了解卫戍型聚落的空间形态特征。

图 5-16　屋面穿过墙体的设计手法

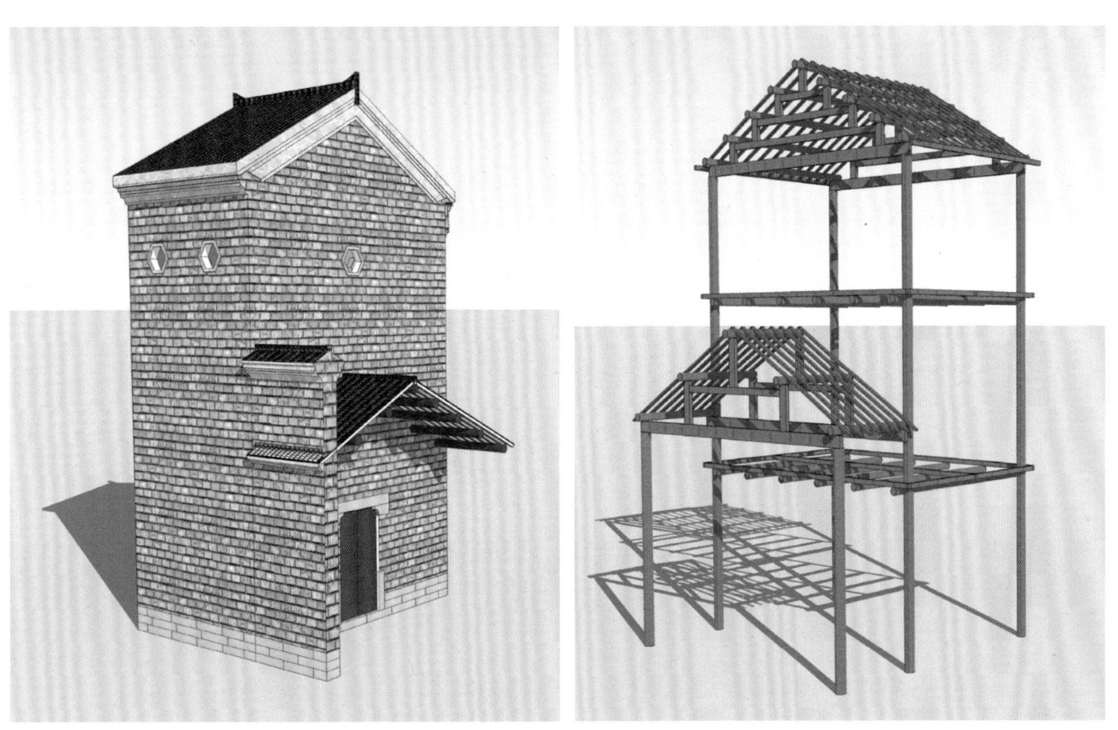

图 5-17　望楼推测模式示意

图 5-18　望楼临时构架

六

绣楼又称“小姐楼”，是古代大家闺秀出嫁前居住的场所，其隐蔽、隔绝的特征时常给它披上一层层神秘的面纱。《红楼梦》中的稻香村、潇湘馆、蘅芜苑，都是曹雪芹笔下的绣楼，在其中演绎着大观园的小姐们一出出动人的故事。八字沟民居也曾存在这样一座绣楼，但是随着时代的变迁不幸遭到损毁。然而，我国现存的绣楼建筑也并不多，在鄂东北地区则更为少见，不能对绣楼进行系统的类型学分类，推断八字沟民居绣楼的原始风貌，只能对八字沟民居所在地附近的绣楼加以推断，采取“就近原则”，再结合当地人的描述和文献资料以及绣楼遗址的现状情况，分析绣楼最可能的建筑形制，从而保护八字沟民居的完整格局。

八字沟民居绣楼遗址位于院落中部偏东（图5-19），遗址处现存一道残破的高墙（图5-20），为青砖灌斗墙，高墙上部部分坍塌，一直向东延伸至八字沟民居门楼处，原高度接近8m。高墙中部完全损毁，部分由后期红砖重砌，并用水泥抹面，新、旧墙体的交界处即说明了绣楼范围——正是因为绣楼的存在，其背后的高墙才得以保存。地面墙基也依稀可见，因此能够推断出绣楼平面的大致尺寸：开间5.5m，进深3.3m。

在古代，只有富裕的家庭才会单独建立绣楼；在普通的民居中，往往选择一间相对隔绝的厢房作为女子生活的闺房。因此，在一些地主庄园或是官员府邸中才可以看见绣楼的踪影。绣楼的平面多为矩形，一开间或三开间，一层通常为“丫鬟”居住，二层则是“小姐”主要的生活空间。历史上，在晋商大院中经常可以看到绣楼的身影，如现存的王家大院便设有一座绣楼。王家大院绣楼的楼梯为13级，设置得陡而窄，一方面防止女

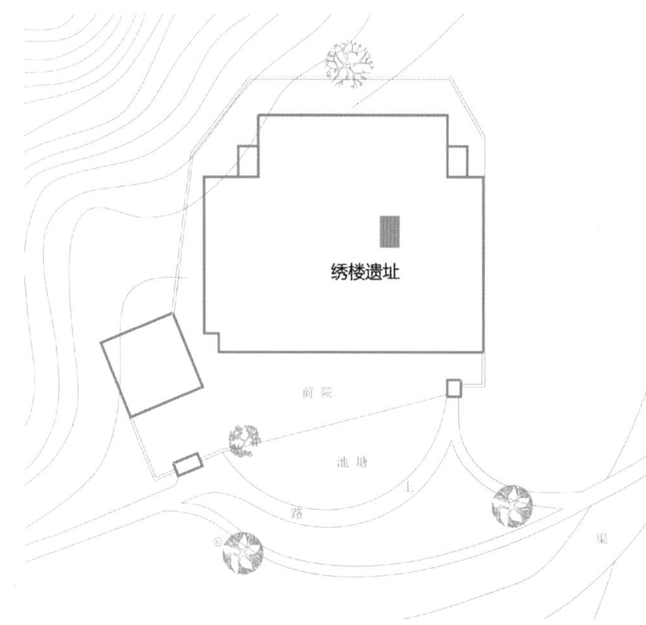

图5-19　绣楼遗址位置示意

图5-20　绣楼遗址现状

眷经常下楼，另一方面也防止男丁随意上楼。另外，当地也流传一种说法，当地有句俗语说“十三上楼，十四嫁，十五生个胖娃娃”，台阶13级寓意着家中女儿十三岁就得住进绣楼。不论是出于何种原因，绣楼的楼梯通常设置得较陡，有些地方的绣楼甚至采用木爬梯，佣人送完饭就将爬梯移走。

与八字沟民居距离较近的随州澴潭镇黎家大院也有一座绣楼，是湖北境内现存为数不多的绣楼之一。随州与孝感接壤，同为湖北北部，建筑风格相近，黎家大院绣楼对于推断八字沟民居绣楼的建筑形态具有重要的参考意义。据《随州地方志》载：澴潭黎缙珊一家占有土地11万亩，其中随西5万亩，枣南6万亩，黎家大院便是由大地主黎缙珊所建。黎家大院共5进院落，设在后花园对面的就是“小姐”绣楼（图5-21），幽静而神秘。绣楼青砖灰瓦，外立面较为朴素，仅檐下有两道平水叠涩，没有过多装饰，窗户较小，给人一种封闭的感觉，让身居绣楼的女子与世隔绝，是旧社会封建思想的体现。

八字沟民居的绣楼或许也是黎家大院绣楼这种形态，是同一时期封建礼教下的产物。在《华氏宗谱》有一篇华湾庄全序图的记载（八字沟民居为华氏家族聚集而居，在其族谱中称为华湾庄，见图5-22），其中有这样的描述：允星建小楼，幽暗封闭，其女年十三居之，至十五方出，后住其小女。“幽暗封闭”四个字体现了八字沟民居的属性，其封闭的形态也得以印证。为了进一步推测绣楼的细节，对八字沟当地居民进行了访问，但是大多数原居民早已迁出，只有一位老人提供了少量信息。柳姓老人介绍，绣楼高两层，单坡屋顶，上三步台阶才能进入绣楼，每层一间房，内部空间低矮光线差。

图 5-21　随州澴潭镇黎家大院绣楼

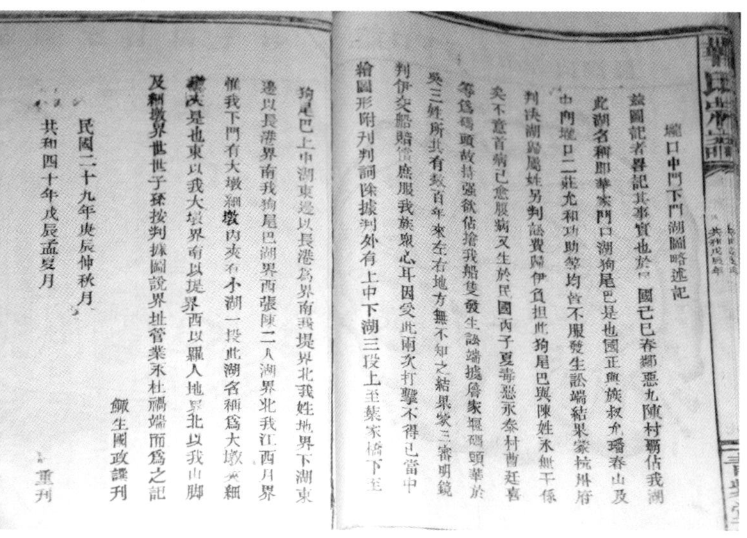

壩口中門下門湖圖略述記
兹圖記者略記其事實也於[illegible]國己巳春鄉惡九陳村霸佔我湖
此湖名稱即華家門口湖狗尾巴是也國正與族叔允璠春山及
中門堰口二莊允和功助等均皆不服發生訟端結果蒙梳州府
判決湖歸屬姓另判訟費歸伊負担此狗尾巴與陳姓永無干係
矣不意首病已愈服病又生於民國丙子夏毒惡永泰村曹廷喜
等爲碼頭故持強欲佔搶我船隻發生訟端搖磨家壞碼頭華於
癸三姓所共有數百年來左右地方無不知之結果蒙三審明鏡
判伊交船賠償庶服我族衆心耳因受此兩次打擊不得已當中
繪圖形附刊判詞除據判外有上中下湖三段上至棗家橋下至
狗尾巴上中湖東邊以長港爲界南我堤界北我姓地界下湖東
邊以長港界南我狗尾巴湖界西張陳二人湖界北我江西月界
惟我下門有大墩細墩內夾有小湖一段此湖名稱爲大墩夾細
墩是也東以我大墩界南以堤界西以羅人地界北以我山脚
及細墩界世世子孫按判據圖說界址管業永杜禍端而爲之記
鋤生國政謹刊
民國二十九年庚辰仲秋月
共和四十年戊辰孟夏月　重刊

图5-22　华氏宗谱记载

老人的介绍再次说明了绣楼封闭的形态，但是她所说的单坡屋顶却是一个值得思考的问题，因为单坡屋顶并不常见。经过对现状的勘察，绣楼单坡屋顶的形式也得以印证。在绣楼遗址高墙的背后还有一间房屋，因此绣楼的屋顶形式可能有4种情况，如图5-23所示。如果绣楼和那间房屋都是双坡屋顶，即如形式a、b和c所示。形式a中两个屋面交汇处将无法排水，故排除；形式b中，绣楼采取前文所述屋面穿墙的做法，另一间房采取内天沟排水，可以解决排水的问题，但是现存高墙并没有开洞的痕迹，故排除；如果是形式c，那么在现存高墙边应还有一堵墙，但是现场并没有发现另一堵墙的痕迹。因此，绣楼的屋顶形式只有可能是形式d，绣楼单坡顶，与另一间房共用一堵墙。

绣楼的建筑风格与八字沟民居的整体风格保持一致，青砖灌斗墙，山墙灰塑博缝、出檐线两层，檐下为平水叠涩两层，两端有简单墀头，根据这些信息便可推断出绣楼的原形制（图5-24）。

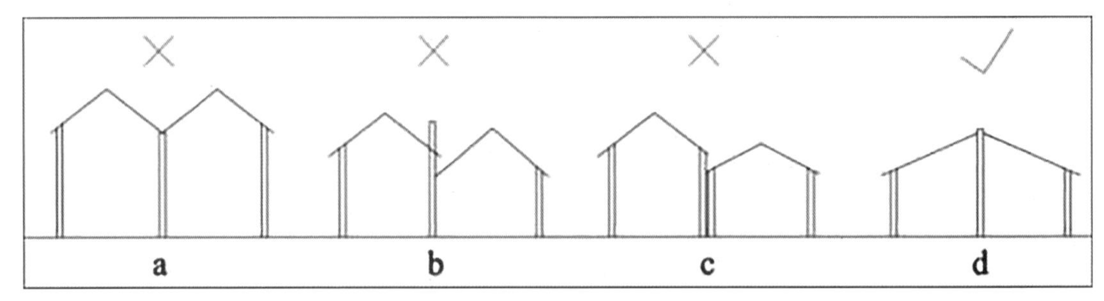

图5-23　绣楼屋顶形式分析

图5-24　绣楼影像

八字沟民居绣楼在不重建的情况下，为展现其原始风貌，除了前文提到的搭建临时构件的模式，还可采用全息投影的方法（图5-25），绣楼在八字沟民居内，有一个独立的院落，最适合采取此种方法。全息投影也称虚拟成像技术，是利用干涉和衍射原理记录并再现物体真实的三维图像，即通过一些必要的技术手段将绣楼的3D影像投射到遗址处，能让人们直观地看到绣楼的原始形态，同时也对八字沟民居的整体格局有更深入的了解。

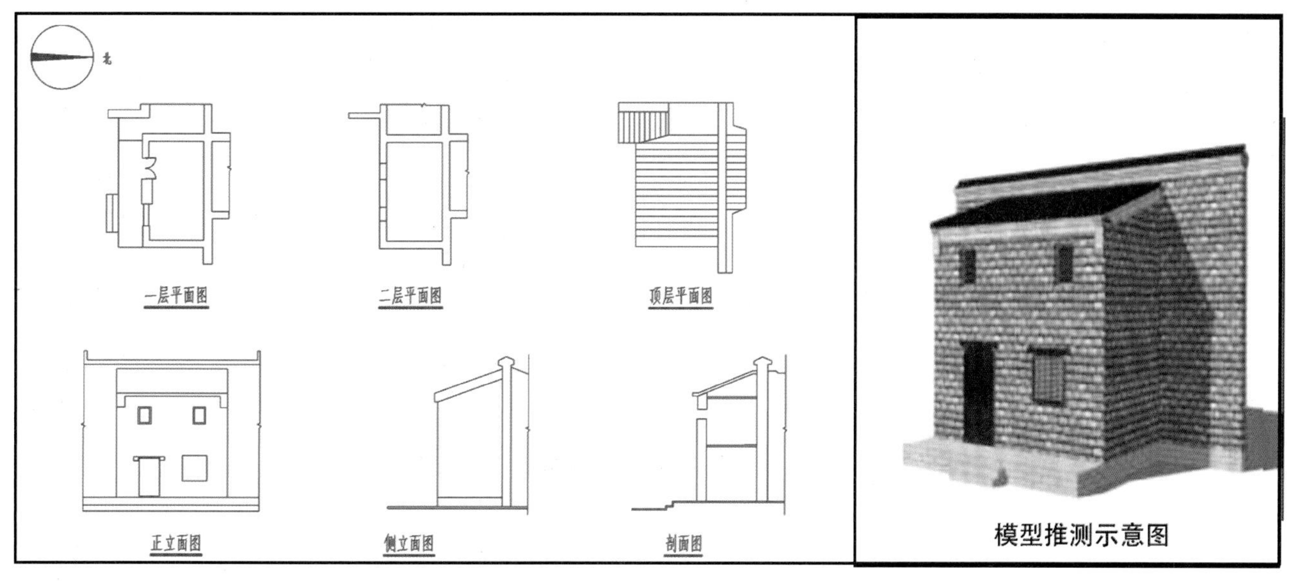

图5-25　绣楼的形制推断

经过对八字沟民居整体格局的考古，发现了寨门、望楼和绣楼的损毁，通过对这些损毁建筑的考古学研究，分析其遗址现象，推断其原始形制和风貌。八字沟民居的围墙可根据剩下的遗址和八字沟民居的整体布局以及山体的走势，推断出其具体范围。在八字沟民居中，有部分后期村民自行加建或改建的建筑（图5-26、图5-27），辨别这些建筑最好的依据是墙身的做法和材料，后期加建的建筑多采用小红砖顺砌，而并非原始的青砖，虽然部分后期加建的建筑采用青砖砌成，但是并非按照原始墙身一顺一丁、一眠多斗的砌法的灌斗墙砌筑工艺。根据文物法的相关规定，这些建筑应予以拆除，以恢复文物建筑的原始风貌（图5-28）。

图5-26　后期加建的建筑

图5-27　后期改建的建筑

图5-28　八字沟民居整体鸟瞰模型示意

八字沟民居的建筑考古学研究，为恢复八字沟民居的整体格局和原始风貌提供了重要依据，保护八字沟民居的原状是首要的保护原则，建筑考古学是一种行之有效的研究方法。

对八字沟民居格局的考古是认识其整体，对构造的考古是认识其细部，考古研究的范围由大及小，是对八字沟民居的全方位认知，是更好地保护八字沟民居的基础。对八字沟民居构造的考古，主要是针对其构造做法和形式的研究，为八字沟民居的保护修缮提供依据。

七

八字沟民居现存建筑屋顶形式大多为单檐硬山人字坡，两侧山墙与屋面相交，将房屋内部的木构架和檩条封砌在墙内，山墙脊略微高出屋面。但是八字沟民居内部也存在少数几处悬山屋面形式，檩条挑出山墙之外（图5-29）。

调查发现，悬山屋面的房屋山墙面均为土坯砖墙，土坯砖易被雨水侵蚀，因此屋面做成悬山形式，防止墙面淋雨。经考证，悬山屋面是后期居民自行修缮的结果，这也存在一定的历史原因：华氏家族初建八字沟民居时，资金充足，墙身均由青砖筑成，“土改”时期八字沟民居分给村民居住，当八字沟民居需要修葺时，村民由于财力原因，只能采用土坯砖，故而将屋面改为悬山形式。因此，八字沟民居原屋面应均为硬山形式。

图5-29　八字沟民居现存悬山屋面

鄂东北地区传统民居屋面多为小青瓦屋面，小青瓦又称布瓦，因其生产简易、质量小、价格便宜，使用频率较高。小青瓦分为板瓦和筒瓦两种类型，板瓦弧度较小，可以用作底瓦、盖瓦或用于屋脊处；筒瓦截面为半圆形，多用作盖瓦。筒瓦多用于规格较高的建筑，为了方便排水，通常配以勾头和滴水，同时他们也构成了檐口装饰的重点（图5-30、图5-31）。

八字沟民居屋面均用板瓦做成，且不设勾头和滴水。屋面铺瓦时，首先直接在相邻的两根椽子中间铺一道底瓦，不放置望板，自下而上由檐口向屋脊铺设，同时给瓦片抹上泥灰，防止瓦片滑落。铺完底瓦后，再沿其瓦边铺设盖瓦，底瓦和盖瓦均按照“盖三露七”的原则层层叠盖[①]。

图5-30　八字沟民居屋面

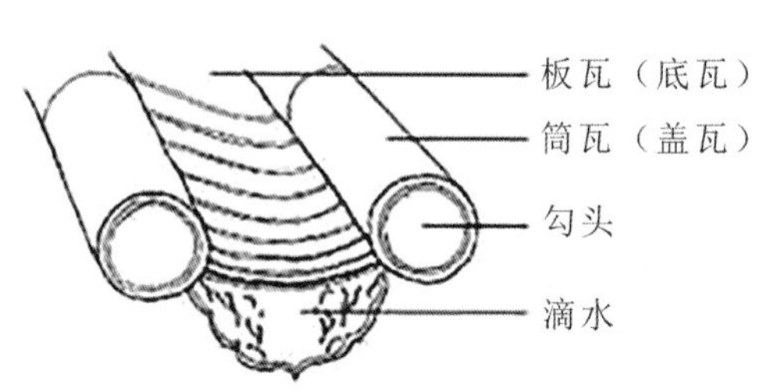

图5-31　勾头和滴水瓦（自绘）

八字沟民居屋脊样式有两种，除门楼采用清水屋脊外，其余房屋均为游脊。游脊是传统民居屋脊处理方式中最简单的一种，屋脊用板瓦干摆堆垒至山脊，两端微微起翘（图5-32）。板瓦的堆垒有横排和竖叠两种方式，八字沟民居采用竖叠方式，板瓦向山墙一侧倾斜，以屋脊中心为轴两边对称，呈现出“倒八字”形。在屋脊中心通常会设置一些脊饰，但八字沟民居并没有设置；在屋脊两端脊头处，做有简单装饰，脊头上部向上翘起，下部向下弯曲呈环状并包裹住屋脊端头。

清水屋脊是鄂东北传统民居中较为常见的一种屋脊做法，两端微微起翘，屋脊不像游脊那样直接堆垒板瓦，而是有一排青砖做垫层，垫层上再做简单装饰。八字沟民居门楼均采用清水屋脊（图5-33），有镂空脊饰。脊头处装饰与游脊一致，上部向上翘起，下部向下弯曲呈环状。

① 刘苗.湖北传统民居营造技术研究[D].武汉：武汉理工大学，2010.

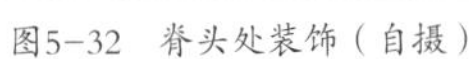

图5-32　脊头处装饰（自摄）

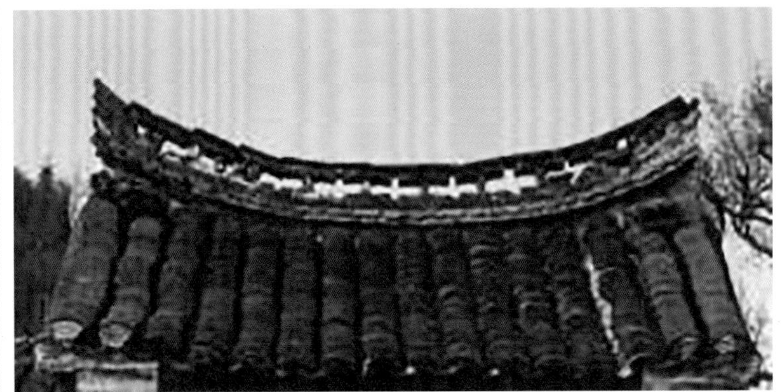

图5-33　门楼清水屋脊

八

墙基是墙体底部与地基接触的部分，作用是将墙体承受的荷载传递给地基，因此墙基是决定房屋是否牢固的重要因素。在鄂东北地区传统民居中，墙基大体上分为砖砌和石砌两种。砖砌墙基将青砖丁面全部向外，每层之间错缝砌筑，优点是密实坚固，但用砖量较大。因此有些山地民居就地取材，墙基采用石块砌筑。石砌基础又分青条石基础和毛石基础，青条石通常为形状规则的长方体，长度近1m，厚度10~30cm不等，质地坚硬且抗压强度大，青条石基础美观大气；毛石基础造价更低，毛石直接从山中开采，仅做简单加工便可使用，在砌筑墙基时，用小石块填充毛石缝隙，保证基础密实无空隙，再辅以石灰浆，也可达到一定的强度。

古时富裕的家庭通常会采用青条石基础，恢宏气派，提升房屋的档次。八字沟民居中正是如此，大多采用石砌基础，外围墙体基础都为青条石砌筑，民居内部墙体也有青条石和毛石混用的基础。在八字沟现存建筑中，有部分墙体是砖砌墙基，因此推断是后期居民改建的结果。

传统民居墙身根据材料的不同，可分为砖墙、石墙、土墙和木墙四种类型，不同类型根据不同砌法还可细分为多种类别。

砖墙的砌法分为实滚砌和空斗砌两种基本类型，实滚砌是将青砖相邻而砌、不留空斗，有顺砌、丁砌、一顺一丁、多顺一丁等多种砌法；空斗砌是将青砖通过平砌和侧砌结合砌筑而形成“空斗”，有无眠空斗（又称合欢）、一眠一斗、一眠多斗等多种类型。“空斗”留空即为空斗墙，填充碎石泥土则为灌斗墙。当墙体不用承重时，可用空斗墙，节约材料；反之，则用灌斗墙，其稳定性更好且保温隔热。

石墙以石块砌成，在鄂东北地区并不多见，石块大多仅用作墙基部分。石墙根据石块的不同分为条石墙和毛石墙，毛石墙因石块大多不规整而又称为“虎皮墙”。

土墙分为夯土墙和土坯墙两种类型，夯土墙是一种原始的做法，利用墙板、冲墙棒等多种工具将土夯筑而成。土坯墙是用土坯砖砌成，较夯土墙而言，虽原材料相同，但技术上是一次巨大的进步。

木墙由木板做成，多用作室内隔墙，室外用木板墙多用于商铺性民居中，以木板门的形式作为外墙围护，便于安装拆卸。

八字沟民居墙身多为灌斗墙，采用一顺一丁、一眠多斗的砌法，有300mm厚和350mm厚两种厚度（图5-34）。八字沟民居内部还有一种下部为青砖、上部为土坯砖的墙体，这种做法被称为“下银上金”[①]，多用在内部隔墙，主要目的是节约青砖的用量（图5-35）。

图5-34　两种厚度的灌斗墙

图5-35　下青砖、上土坯砖的“下银上金”做法

① 李晓峰，谭刚毅.两湖民居[M].北京：中国建筑工业出版社，2009.

根据八字沟民居这两种墙体的做法，可判断其现存墙体是原有墙体还是后期人为干预的结果，这是考古的依据。如八字沟民居现存墙体中有红砖墙和夯土墙，便是后期居民自行修缮的结果。

在传统民居中，檐口是一个装饰的重点，通常在檐口处将砖向外层层挑出，起过渡和装饰作用，层层挑出的砖称为叠涩，叠涩是靠上部的压力来保证出挑块的受力，有平水叠涩和抹角叠涩两种做法。平水叠涩是将砖的丁面向外平砌，形成一个平面线脚；抹角叠涩是将砖旋转45° 角，砖角向外，形成一个折线形线脚。这两种做法最简单常见，还存在一些更为精致的装饰。

八字沟民居的檐口叠涩在平水叠涩的基础上更进一步，增加了一些小构件、石斗拱或布瓦拼花等，装饰效果更佳（图5-36）。根据这些檐口的做法，便可恢复八字沟民居檐口损耗处的原样，布瓦拼花檐口做法大样见图5-37。

图5-36　檐口形式

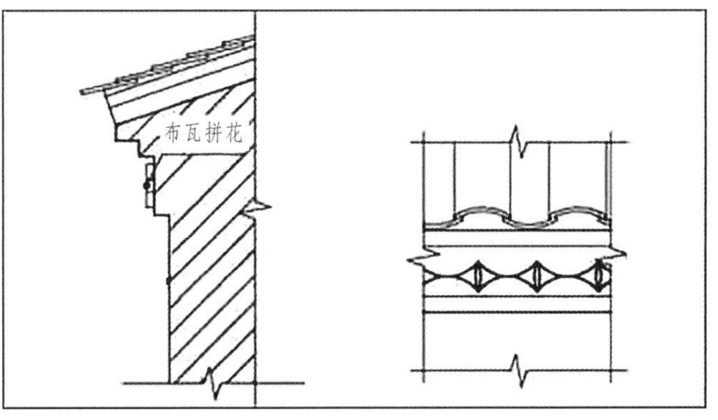

图5-37　布瓦拼花檐口做法大样

鄂东北地区传统民居结构形式以砖木结构为主，其木构架主要有三种类型：抬梁式、穿斗式和混合式。

抬梁式是指在立柱上架梁，梁上又抬梁，层层往上抬，每根檩条落在梁上。抬梁式的优势在于可以获得较大空间，但用料大，数目多。在民间做法中，抬梁式衍生出一种“插梁式”的做法，即将承重梁的末端插入柱身，以柱来承檩，梁与瓜柱层层向上叠起。插梁式跟抬梁式原理类似，只是梁与柱的搭接方式不同，前者是梁插柱，柱承檩；后者是柱抬梁、梁承檩。鄂东北地区传统民居主要抬梁式结构见表5-5：在穿斗式木构架中，每根檩条对应一根柱子，以不同高度的柱子直接承托檩条。

表5-5　鄂东北地区传统民居主要抬梁式结构

结构	图示	用途
五架二柱	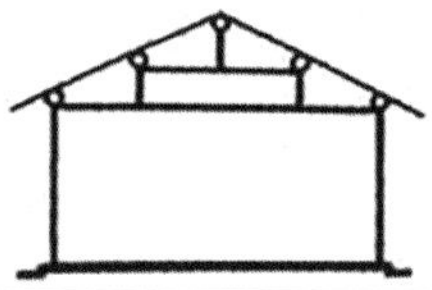	用于普通民居的明次间
五架三柱（带前廊）	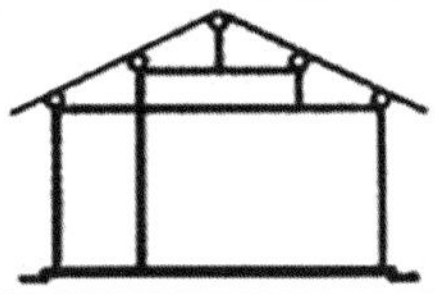	
五架四柱（带前后廊）	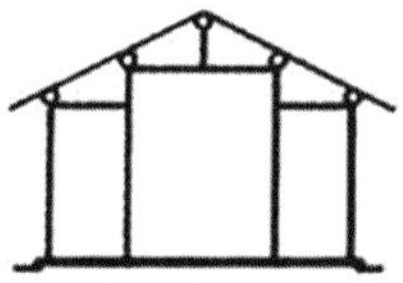	
六架三柱（分大小室）	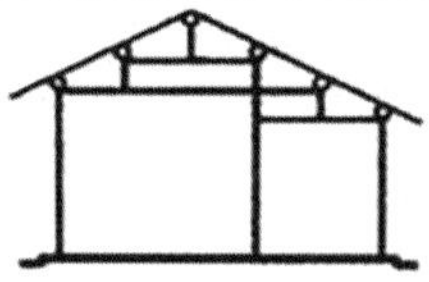	
六架三柱（带前廊）	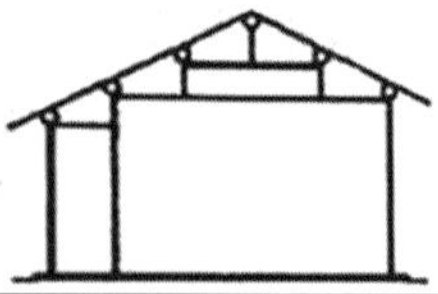	
七架二柱	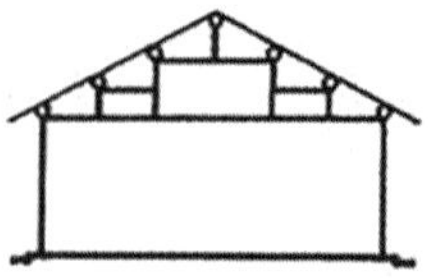 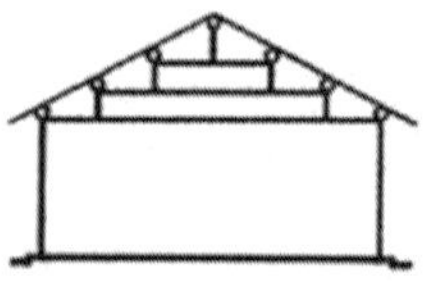	用于重要建筑和厅堂明间

续表5-5

结构	图示	用途
七架四柱（带前后廊）		用于重要建筑和厅堂明间

注：本表改绘画自《两湖居民》（李晓峰、谭刚毅）。

第三节 新老并置，展望未来——发展分析

八字沟的特征集中体现在其所蕴含的传统文化之中，历史小城镇发展的一个基本因素是老镇区的保护和延续，而老镇区的保护又与发展关系密切。本节通过对八字沟的物质要素和非物质要素进行评价，总结八字沟的风貌特色和历史价值，并在此基础上提出八字沟的保护思路和发展构想。

一

自然资源是八字沟古村落长期发展的重要组成因素，在岁月的积淀中，自然资源已经渐渐融入古民居的总体格局中，成了八字沟的重要组成部分。所以如何将自然资源纳入古民居的保护体系中，打造一个依山傍水、环境幽静的田园山居之所是需要考虑的重要问题。保护自然资源的具体措施有：（1）注重山体的绿化，保护重要植被以及景观视线廊道。（2）加强河道以及八字沟水塘的整治，保持水系的通畅以及纯净，注重自然与民居的协调性以及整体性。

在历史的长河中，八字沟是一个有着近三百年历史的古村落，有着丰富的空间艺术和自然风光。若一旦失去了它内部的人文故事，就不可避免地丢失很多重要的历史信息。一切能向人们展现历史的瑰宝必须保护好。具体措施有：（1）展示八字沟文化以及历史故事。（2）对能反映八字沟历史的建、构筑物以及相关历史环境进行保护、修缮或做出标志、说明。通过这些措施，能够系统地呈现八字沟民居的建筑特色与建筑风貌，能够展现大悟古村的优秀历史文化。

二

八字沟作为传统村落的典型代表，具有极佳的旅游开发价值，具体而言：八字沟的旅游开发应以当地为依托，充分挖掘八字沟周边天然的湖光山色，形成田园山居风光，并与九房沟、双桥镇形成“一镇两沟”的较为完整的旅游结构体系。可以组织4个相关的旅游方向：静谧传统古民居建筑旅游方向、崇山登高旅游方向、田园山居风光方向、华氏一族人文历史传说方向。

（1）传统民居观光

以中国传统民居的保护为切入点，通过对八字沟民居现有文献资料的分析的总结，借助建筑考古学的研究方法对八字沟古民居进行改造修缮，达到修旧如旧的目标。从而充分展现八字沟的优秀历史文化。

（2）崇山登高攀岩

以古民居周边的山体为主景区，在不破坏田地的情况下修栈道和登山道，设置多处观景平台，使得山体既是登山的旅游点，又能通过山体看到古民居的全貌以及炊烟袅袅的田园风光，形成一大观景点。

（3）田园山居旅游

组织一些农耕旅游活动，进行手工产业的发展。让游客进入原始的古民居农耕生活中。以及利用梯田让古民居与景色相融合形成田园山居之景，让人们欣赏历史古民居的同时体验到农耕文化。

（4）华氏文脉探寻

完善华氏一族的人文历史传说，将这些故事传说以纪录片或者图片展览的形式进行宣传和教育。对能反映八字沟历史的建、构筑物以及相关历史环境进行保护修缮以及标志说明。

三

今天，传统民居面临着逐渐衰败、消失的残酷现实，保护与发展传统古村落已经成为城镇化和新农村建设中一项紧迫的任务。在“文化立国”的国策下，普通市民的文化保护意识也在迅速提高，这给我们保护传统古村落带来了新的机遇。当然古村落的保护工作也面临着愈来愈多的问题和矛盾。单凭传统的历史保护观念难以有效地解决这些问题和矛盾，迫切需要探寻适应市场经济规律的传统古村落保护体系与方法，以促进城镇的发展与社会主义新农村的建设。

残破现状

参考文献

[1]陆元鼎.中国传统民居建筑[M].广州：华南理工大学出版社，1994.

[2]国家文物局.中国文物地图集·湖北分册[M]. 西安：西安地图出版社，2002.

[3]潘谷西.中国建筑史[M].北京：中国建筑工业出版社，2004.

[4]维基·理查森.新乡土建筑[M]. 吴晓，于雷，译.北京：中国建筑工业出版社，2004.

[5]李允鉌.华夏意匠[M].天津：天津大学出版社，2005.

[6]J KIRK IRWIN.西方古建古迹保护理念与实践[M]. 秦丽，译.北京：中国电力出版社，2005.

[7]李百浩，李晓峰.湖北传统民居[M].北京：中国建筑工业出版社，2006.

[8]拉普卜特.宅形与文化[M]. 常青，徐菁，李颖春，等译.北京：中国建筑工业出版社，2007.

[9]石桥青.风水图文百科[M].西安：陕西师范大学出版社，2008.

[10]杨鸿勋.建筑考古学论文集.增订版[M].北京：清华大学出版社，2008.

[11]《中国大百科全书》编委会.中国大百科全书[M].2版.北京：中国大百科全书出版社，2009.

[12]李晓峰，谭刚毅.两湖民居[M].北京：中国建筑工业出版社，2009.

[13]朱良文.传统民居价值与传承[M].北京：中国建筑工业出版社，2011.

[14]孙大章.中国民居之美[M].北京：中国建筑工业出版社，2013.

[15]刘大可.中国古建筑瓦石营法[M].北京：中国建筑工业出版社，2015.

[16]湖北省住房和城乡建设厅.湖北传统民居研究[M].北京：中国建筑工业出版社，2016.

[17]冯维波.山地传统民居保护与发展——基于景观信息链视角[M].北京：科学出版社，2016.

[18]魏春雨.建筑类型学研究[J].华中建筑，1990（2）：81−96.

[19]杨鸿勋.中国建筑考古学概说[C]//建筑史论文集（第12辑）.中国会议，2000（4）：152−165.

[20]王绚.传统寨堡聚落防御性空间探析[J].建筑师，2003（4）：64−70.

[21]张复合，钱毅，杜凡丁.开平碉楼：从迎龙楼到瑞石楼——中国广东开平碉楼再考[J].建筑学报，2004（7）：82−84.

[22]曹汛.安阳修定寺塔的年代考证[J].建筑师，2005（4）：99−106.

[23]曹汛.期望修定寺，碑刻考证与建筑考古[J].建筑师，2005（5）：97−104.

[24]曹汛.修定寺建筑考古又三题[J].建筑师，2005（6）：106−113.

[25]李晓峰.乡土建筑保护与更新模式的分析与反思[J].建筑学报，2005（7）：8−10.

[26]陆元鼎.中国民居研究五十年[J].建筑学报，2007（11）：66-69.

[27]张一兵.迎龙楼与“开平碉楼”的关系[J].中国民居学术会议, 2007：532-535.

[28]周红，李百浩.传统山区聚落的防御特征研究——以湖北钟祥张集古镇为例[J].华中建筑，2008，26（6）：154-158.

[29]赵晖.考古学对于建筑史学研究的重要启示[J].华中建筑，2009，27（7）：94-96.

[30]黄红生. 客家民居建筑——浅谈龙南围屋[J].建筑与发展，2009(12):72-75.

[31]侯珊珊. 从古代传统女性地位看居住空间设计——以山西大院绣楼为例[J]. 安徽文学, 2011(3):101-102.

[32]谭刚毅，刘勇.一个无人区边的移民聚落的案例研究[J].城市建筑，2011（10）：31-35.

[33]吴庆洲.龙庆忠建筑教育思想与建筑史博士点30年回顾——纪念恩师诞辰109周年[J].南方建筑，2012（2）：48-53.

[34]李劲. 浅谈湖北省三峡工程库区古建筑迁建、保护和利用——以湖北秭归凤凰山古建筑群为例[J].城乡建设, 2012，19(9)：3，9.

[35]徐燕，彭琼，吴颖婕.风水环境学派理论对古村落空间格局影响的实证研究[J].东华理工大学学报：社会科学版，2012，31（4）：315-320.

[36]闫世伟.“绣楼”建筑符号视觉审美初探[J].文艺理论与批评，2014（4）：90-92.

[37]张鹏，苏项锟.风土建筑遗产适应性保护与利用——《平遥古城传统民居保护修缮及环境治理导则》创新性研究[J].中国文化遗产，2015（6）：62-67.

[38]顾贤光，李汀珅.意大利传统村落民居保护与修复的经验及启示——以皮埃蒙特大区为例[J].国际城市规划，2016，31（4）：110-115.

[39]杜凡丁.广东开平碉楼历史研究[D].北京：清华大学，2005.

[40]杨柳.风水思想与古代山水城市营建研究[D].重庆：重庆大学，2005.

[41]俞世海.中国古民居保护与旅游开发应用模式研究[D].南京：东南大学，2006.

[42]张靖.乡土建筑遗产保护模式研究之一——易地保护模式[D].武汉：华中科技大学，2006.

[43]黄晓帆.四川西部碉楼建筑的初步研究[D].北京：北京大学，2008.

[44]阙瑾.明清“江西填湖广”移民通道上的鄂东北地区聚落形态案例研究[D].武汉：华中科技大学，2008.

[45]杨蕾.明清时期鄂西北山寨成因与形制研究[D].武汉：华中科技大学，2008.

[46]刘茁.湖北传统民居营造技术研究[D].武汉：武汉理工大学，2010.

[47]刘畅.考古学与建筑遗产测绘研究[D].天津：天津大学，2010.

[48]何路路.徽州古民居分类保护利用技术策略及其细则[D].合肥：合肥工业大学，2012.

[49]陈阳.基于类型学的荥阳传统民居形态研究[D].郑州：郑州大学，2013.

[50]陈小将.鄂北家族卫戍型聚落研究——以随州和孝感地区为例[D].武汉：华中科技大学，2013.

[51]林惠平.福建省永春县古民居保护的政府作用[D].呼和浩特：内蒙古农业大学，2013.

[52]范雪青.大别山系传统民居建筑装饰研究[D].郑州：郑州大学，2014.

[53]王梦.大悟县历史村镇空间形态特色研究[D].武汉：武汉理工大学，2014.

[54]王芳兵.荥阳地区合院式传统民居保护再利用研究——以柏庙村传统民居群为例[D].郑州：郑州大学，2014.

[55]李婧.生态文化视野下的安康地区传统民居及其环境保护与再利用研究[D].西安：西安建筑科技大学，2014.

[56]姜欢笑.自组织美学情境下的东北满族传统民居保护与发展研究[D].长春：东北师范大学，2014.

[57]李玲玉.地域文化视野下的山东沿海传统民居保护与利用研究[D].长春：吉林建筑大学，2015.

[58]李婧.中国建筑遗产测绘史研究[D].天津：天津大学，2015.

[59]张雯.关注文化基因的传统民居保护与修缮设计研究[D].昆明：昆明理工大学，2016.

[60]MORRIS R K. Buildings archaeology[J]. Oxbow Books, 1994.

[61]OLIVER PAUL. Encyclopedia of Vernacular Architecture of the World[M]. Cambridgeshire：Cambridge University Press,1997.

[62]HAMER D A. History in Urban Places: The Historic Districts of the United States[J]. Journal of American History, 1998, 86(2):794.

[63]NATHANIEL LIEHFIELD. Economics in Urban Conservation[M]. Cambridgeshire：Cambridge University Press,2000.

[64]MORRISS R K. The archaeology of buildings[J]. Tempus Publishing , 2000(05)：125-128.

[65]MANFRED SCHULLER. Building Archaeology[J]. ICOMOS，2002.

[66]FEILDEN B M. Conservation of Historic Buildings[M]. Architectural Press, 2003.

[67]MICHAEL FORSYTH. Understanding Historic Building Conservation[J].Blackwall Publishing, 2007(3):19-25.

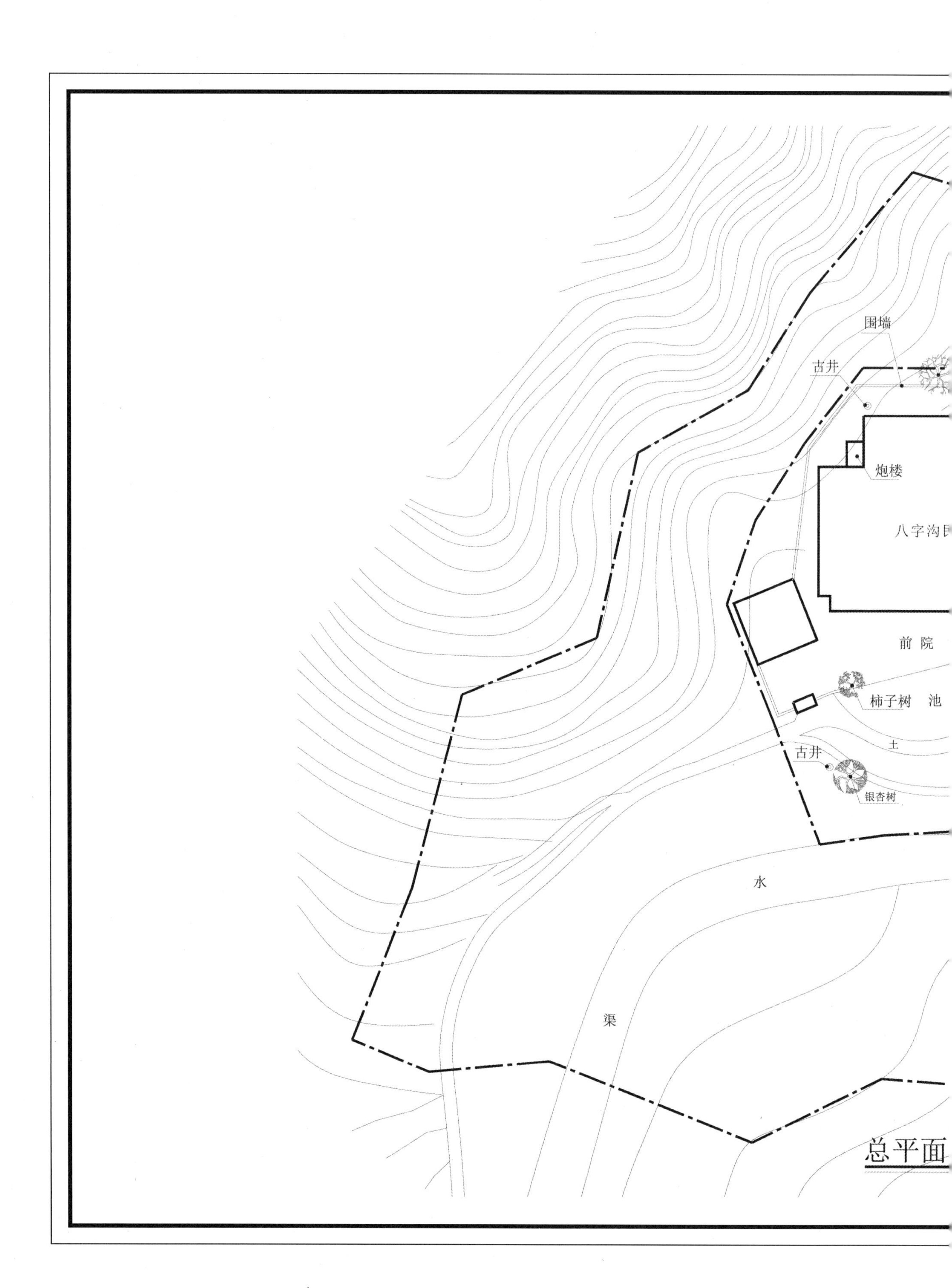
围墙
古井
炮楼
八字沟
前院
柿子树
池
土
古井
银杏树
水
渠
总平面

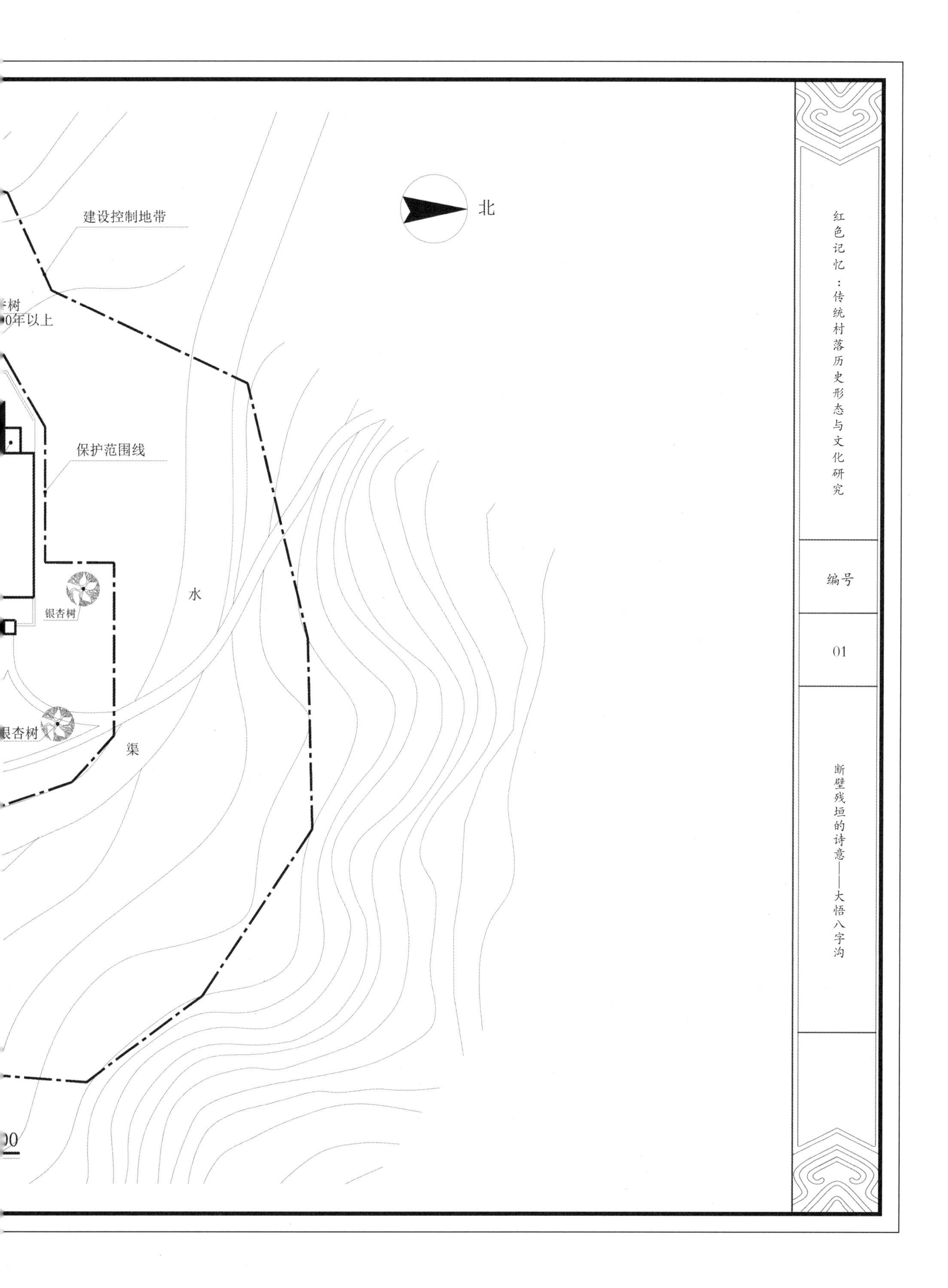
建设控制地带
北
树
0年以上
保护范围线
银杏树
水
银杏树
渠
00
红色记忆：传统村落历史形态与文化研究
编号
01
断壁残垣的诗意——大悟八字沟

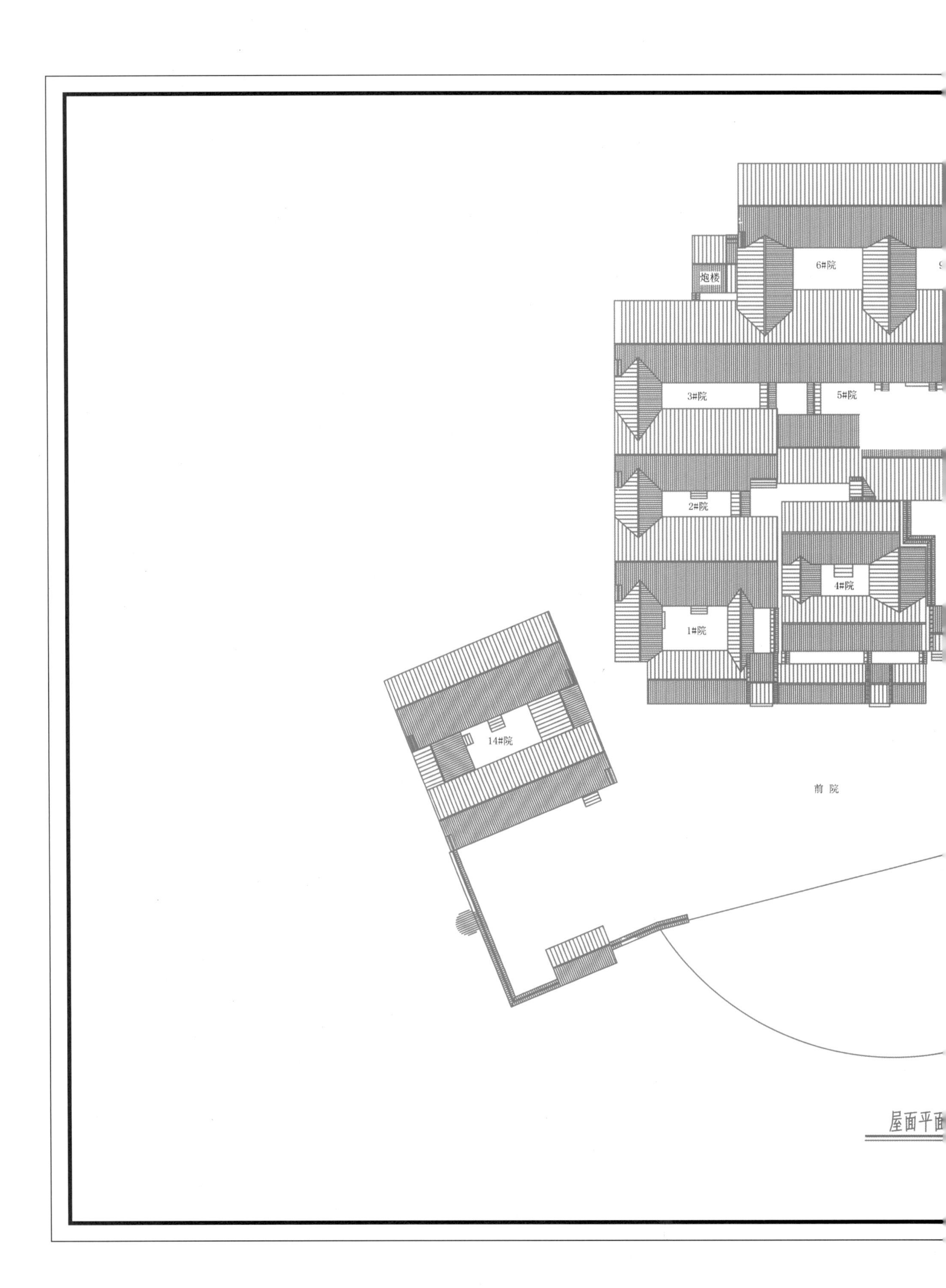
6#院
炮楼
3#院
5#院
2#院
4#院
1#院
14#院
前 院
屋面平面

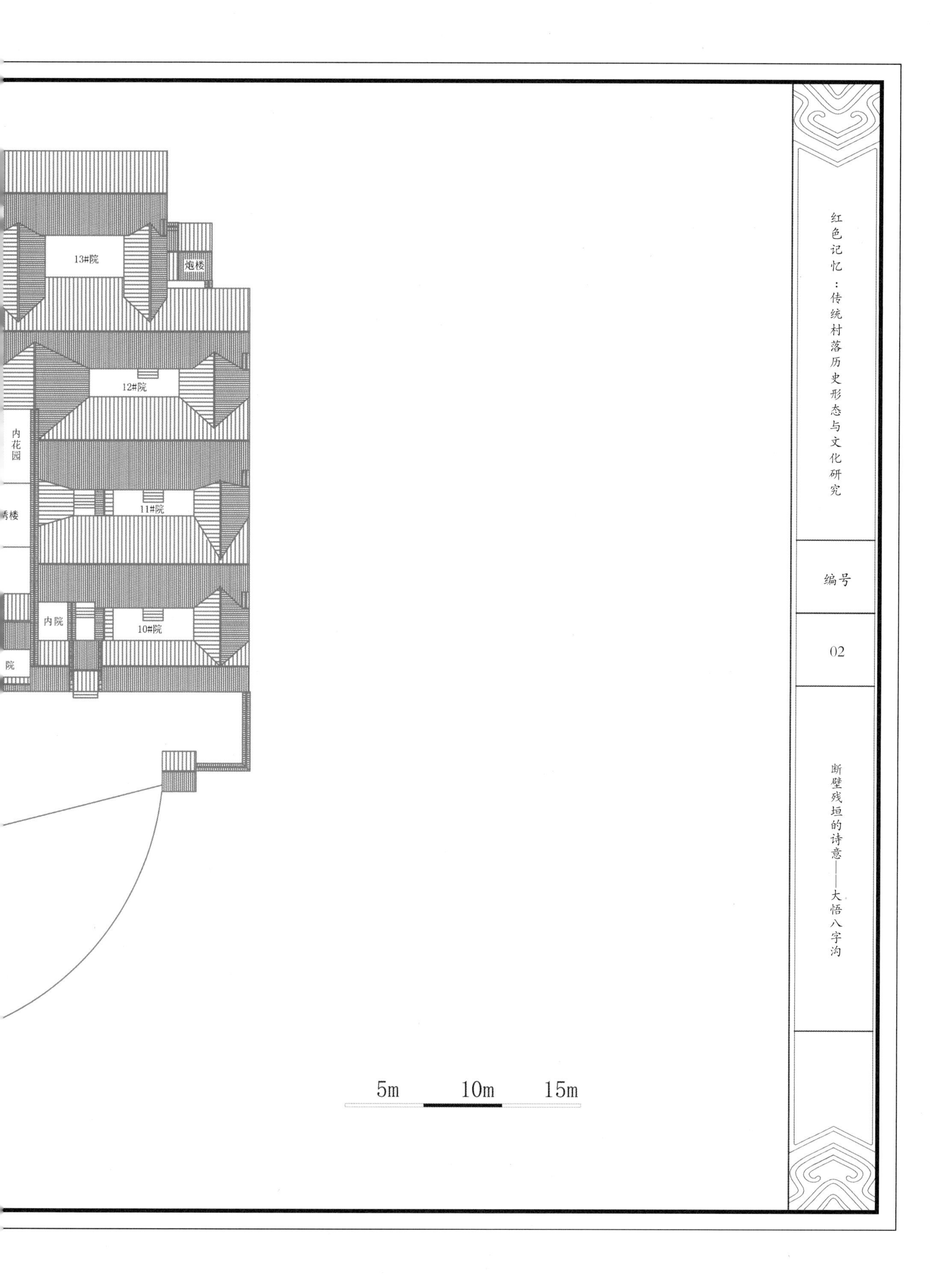

13#院
炮楼
12#院
内花园
11#院
秀楼
内院
10#院
院
5m
10m
15m
红色记忆：传统村落历史形态与文化研究
编号
02
断壁残垣的诗意——大悟八字沟

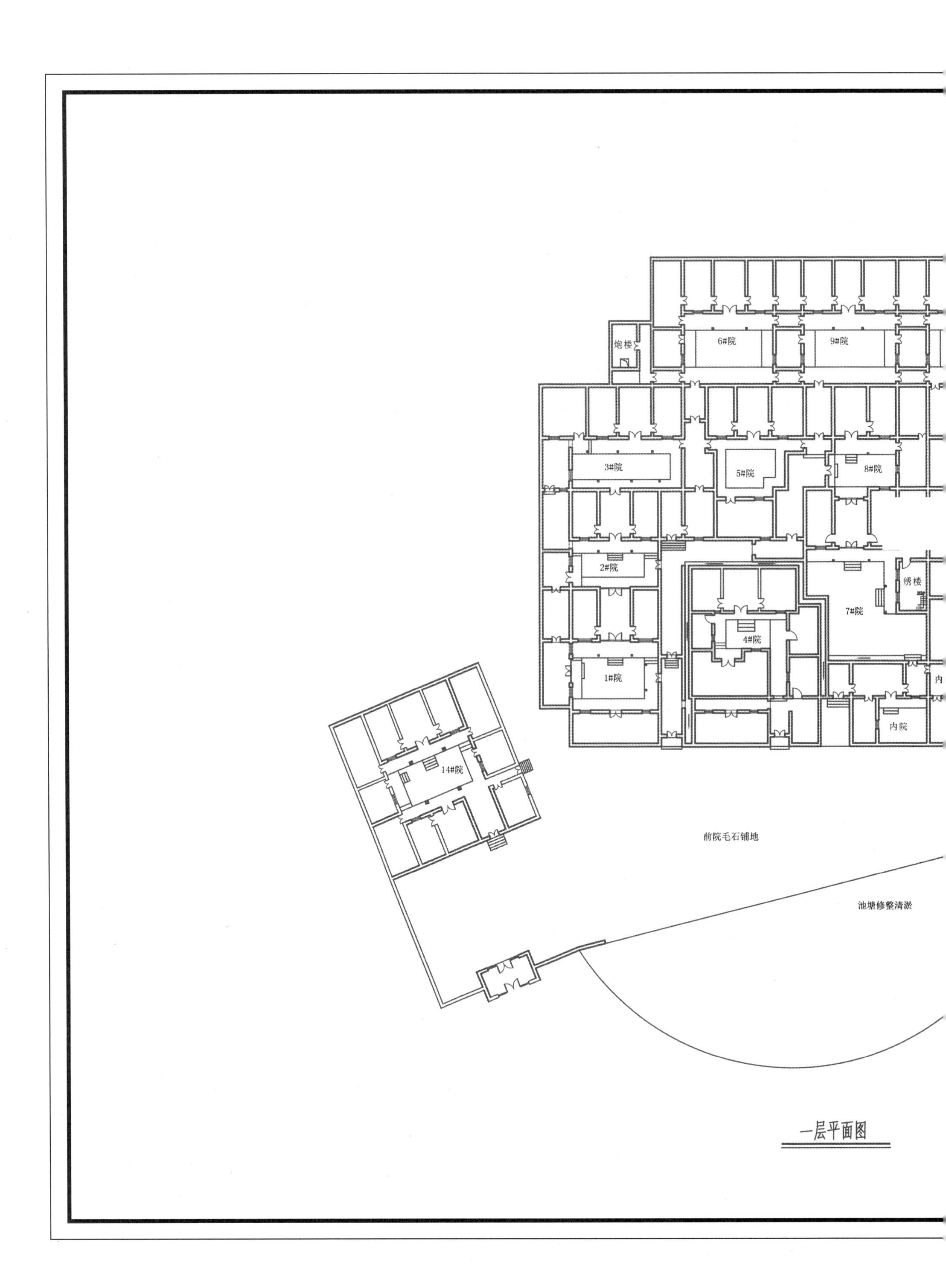

炮楼
6#院
9#院
3#院
5#院
8#院
2#院
绣楼
7#院
4#院
1#院
内院
14#院
前院毛石铺地
池塘修整清淤
一层平面图

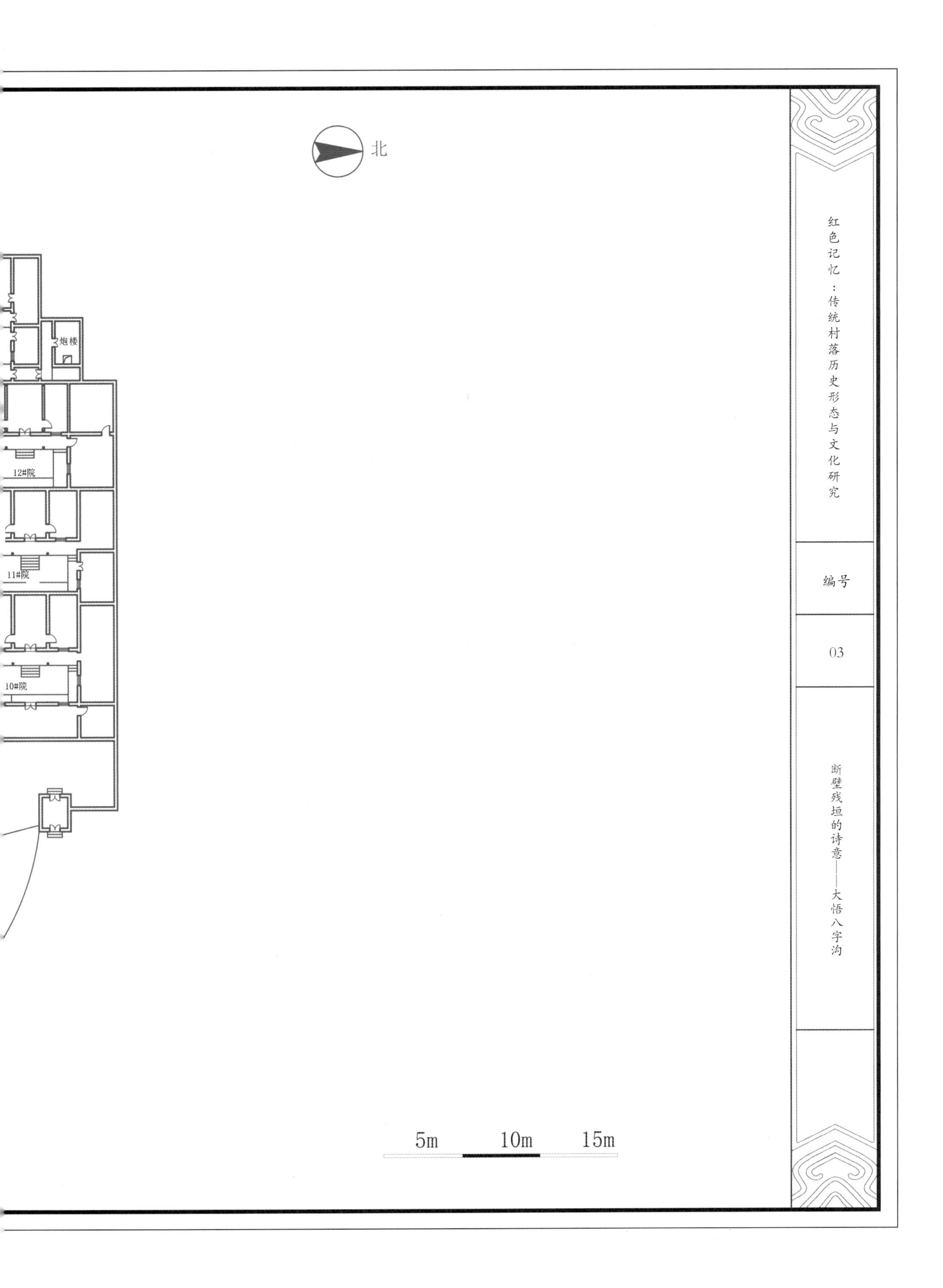

北
炮楼
12#院
11#院
10#院
5m
10m
15m
红色记忆：传统村落历史形态与文化研究
编号
03
断壁残垣的诗意——大悟八字沟

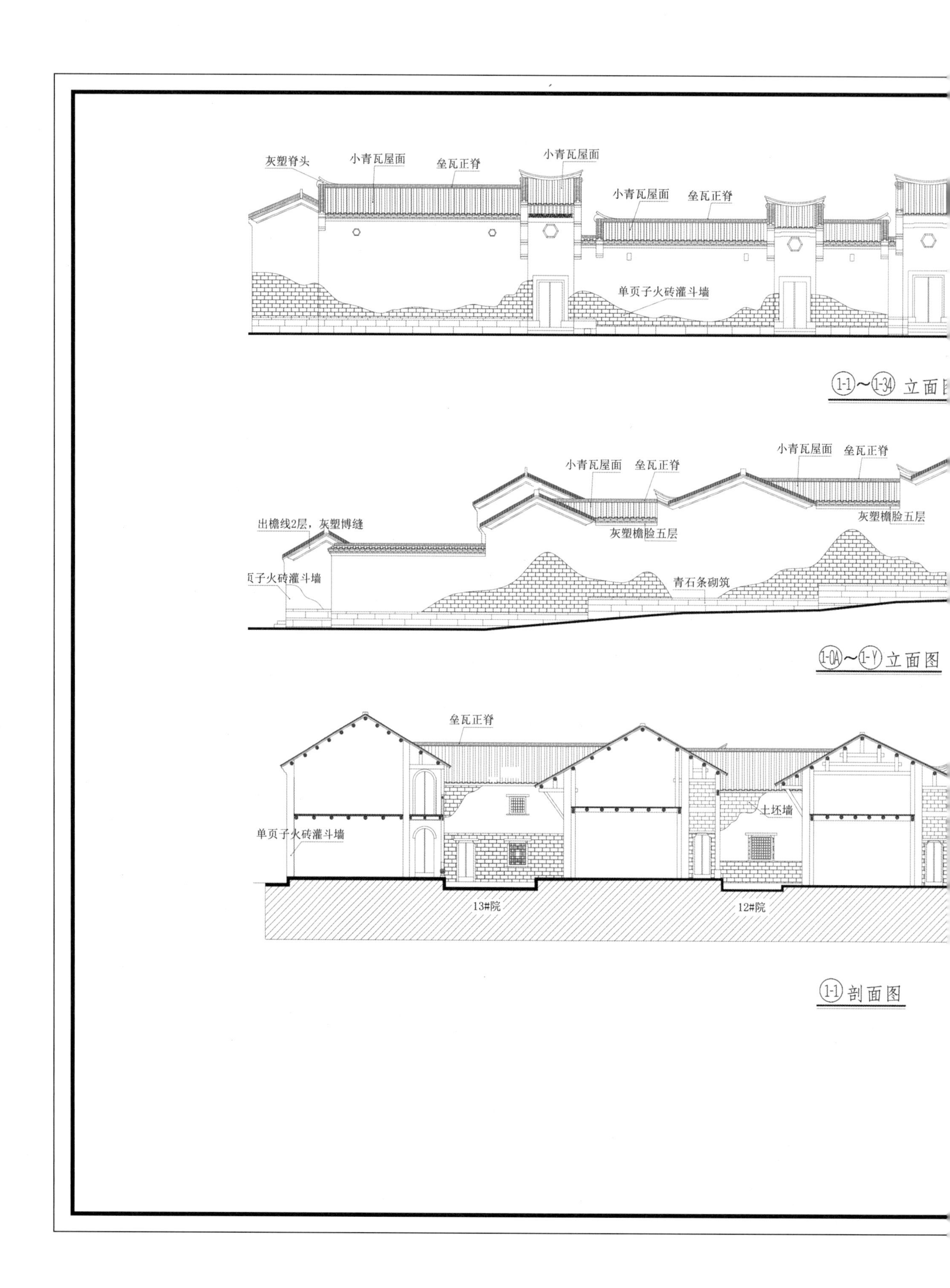
灰塑脊头
小青瓦屋面
垒瓦正脊
小青瓦屋面
小青瓦屋面
垒瓦正脊
单页子火砖灌斗墙
1-1～1-34 立面图
小青瓦屋面
垒瓦正脊
小青瓦屋面
垒瓦正脊
出檐线2层，灰塑博缝
灰塑檐脸五层
灰塑檐脸五层
页子火砖灌斗墙
青石条砌筑
1-0A～1-Y 立面图
垒瓦正脊
土坯墙
单页子火砖灌斗墙
13#院
12#院
1-1 剖面图

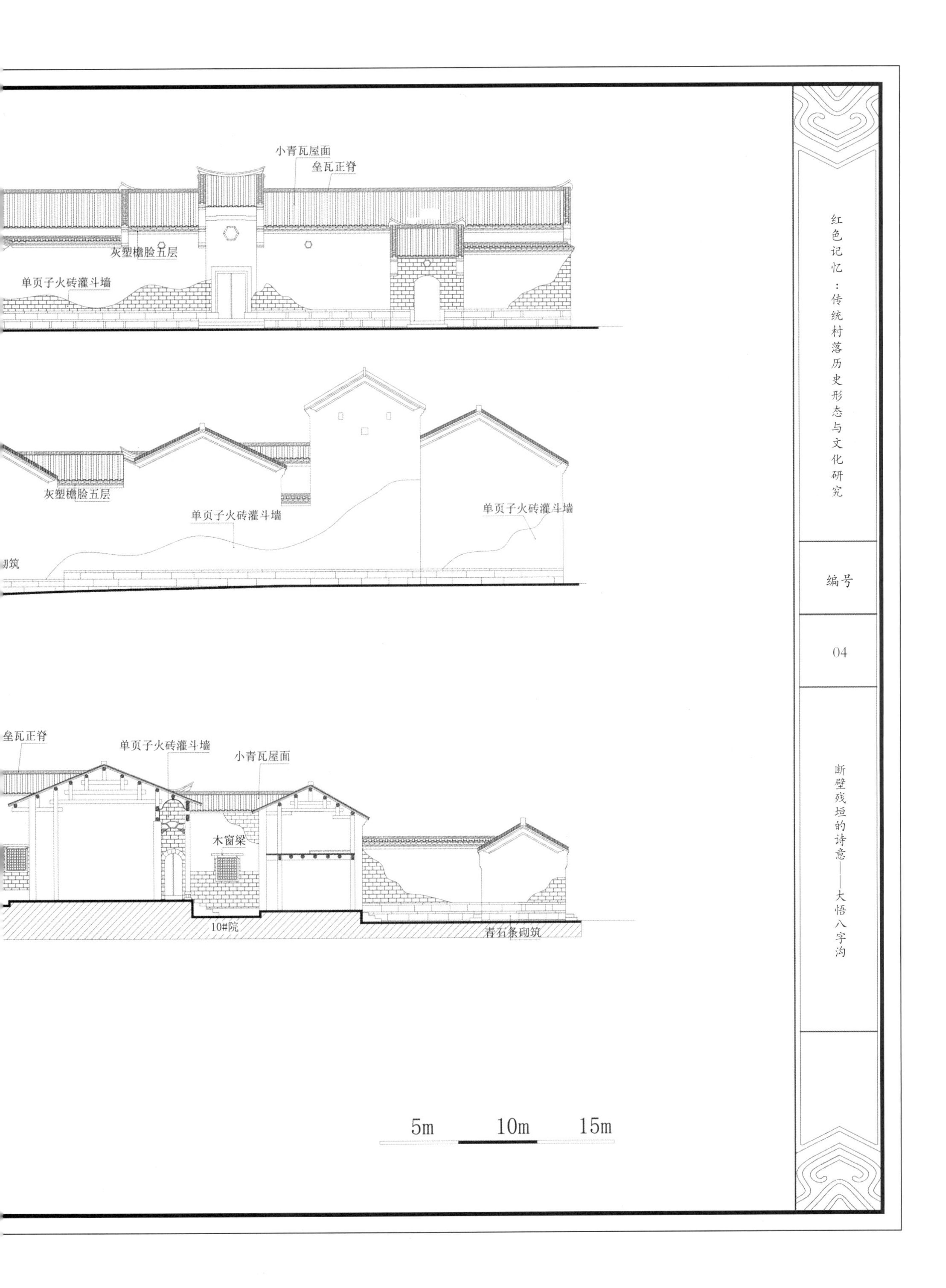
小青瓦屋面
垒瓦正脊
灰塑檐脸五层
单页子火砖灌斗墙
灰塑檐脸五层
单页子火砖灌斗墙
单页子火砖灌斗墙
砌筑
垒瓦正脊
单页子火砖灌斗墙
小青瓦屋面
木窗梁
10#院
青石条砌筑
5m
10m
15m
红色记忆：传统村落历史形态与文化研究
编号
04
断壁残垣的诗意——大悟八字沟

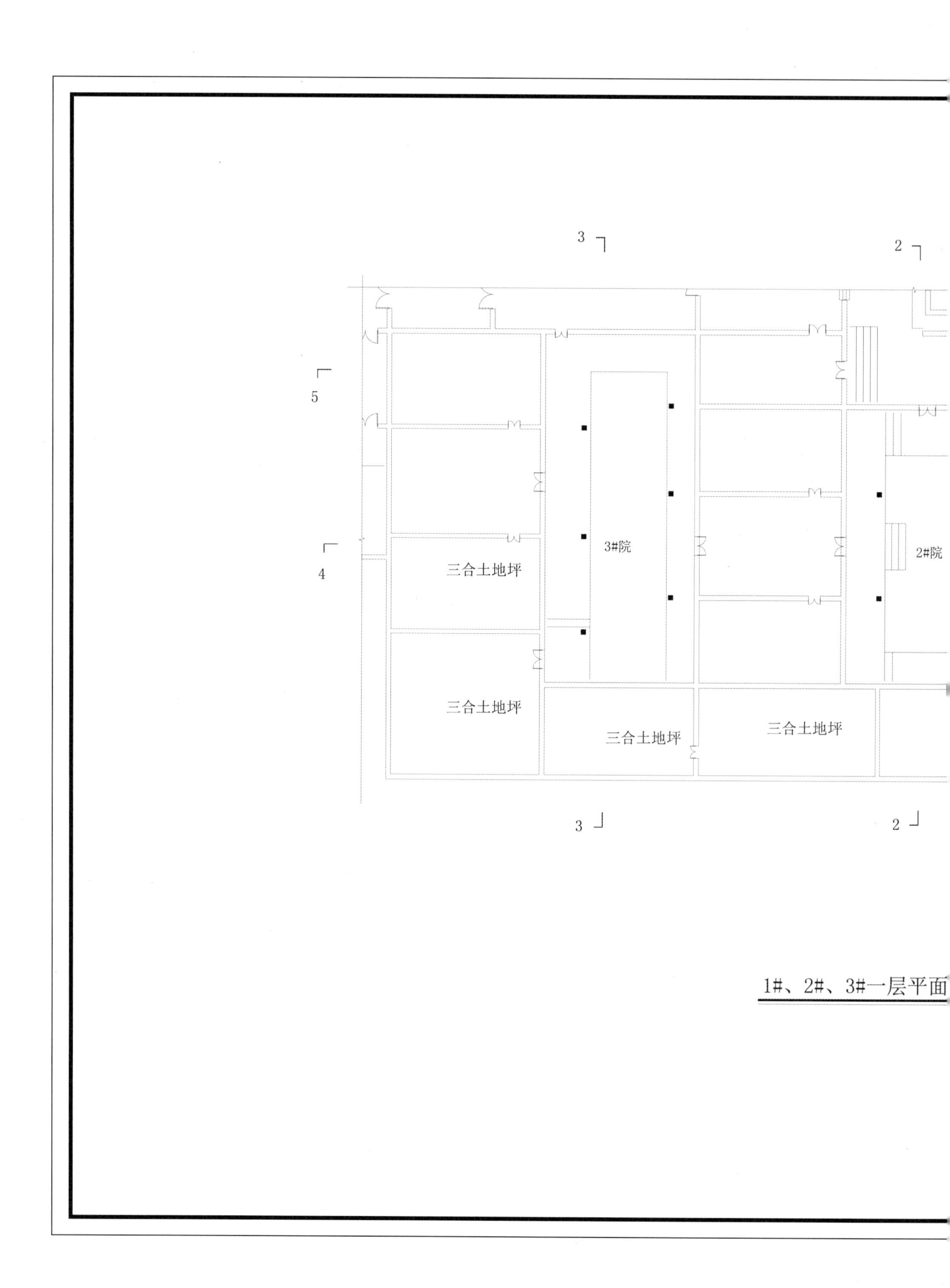
3
2
5
4
3#院
2#院
三合土地坪
三合土地坪
三合土地坪
三合土地坪
3
2
1#、2#、3#一层平面

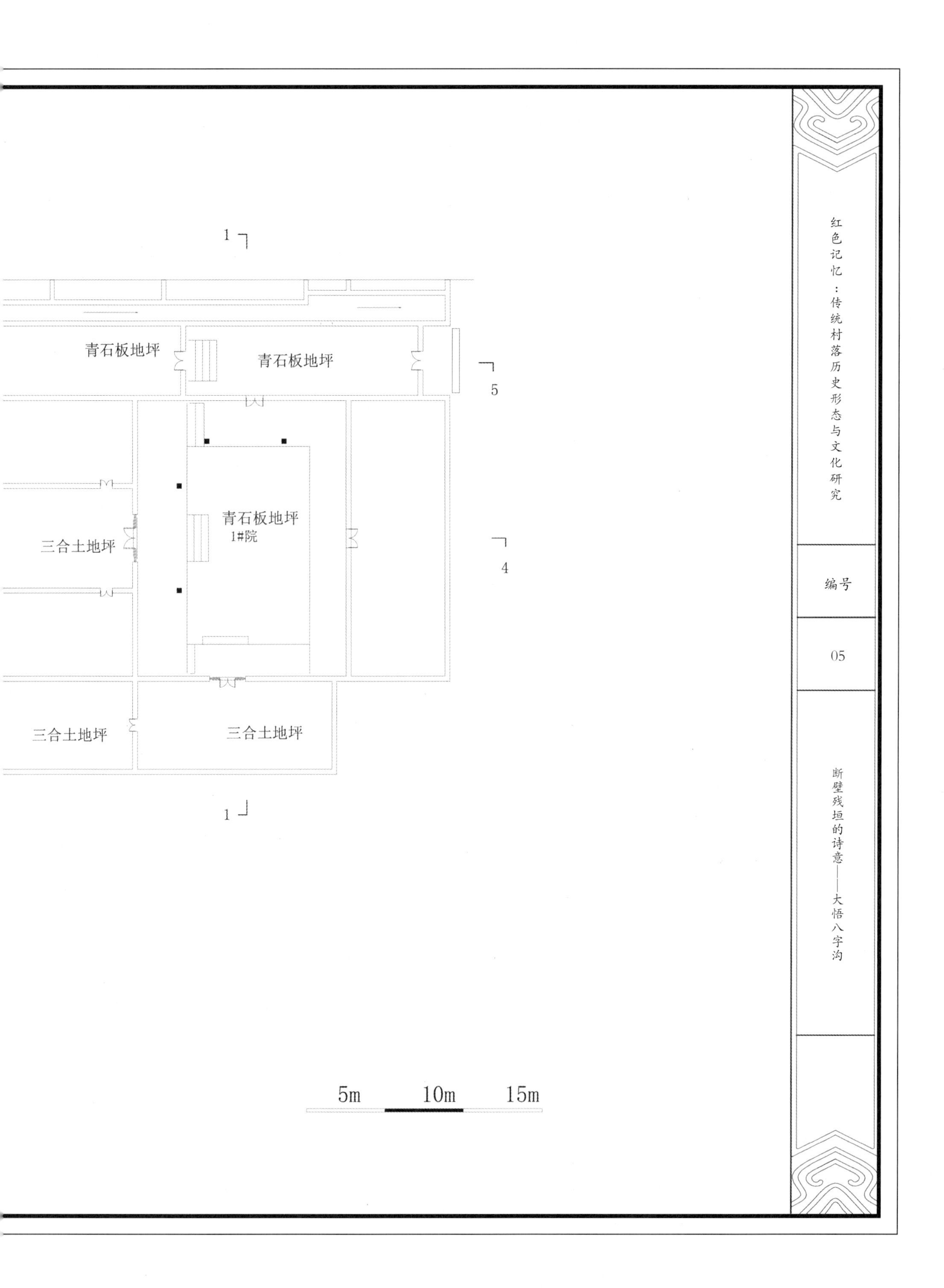
1
青石板地坪
青石板地坪
5
青石板地坪
1#院
三合土地坪
4
三合土地坪
三合土地坪
1
5m 10m 15m
红色记忆：传统村落历史形态与文化研究
编号
05
断壁残垣的诗意——大悟八字沟

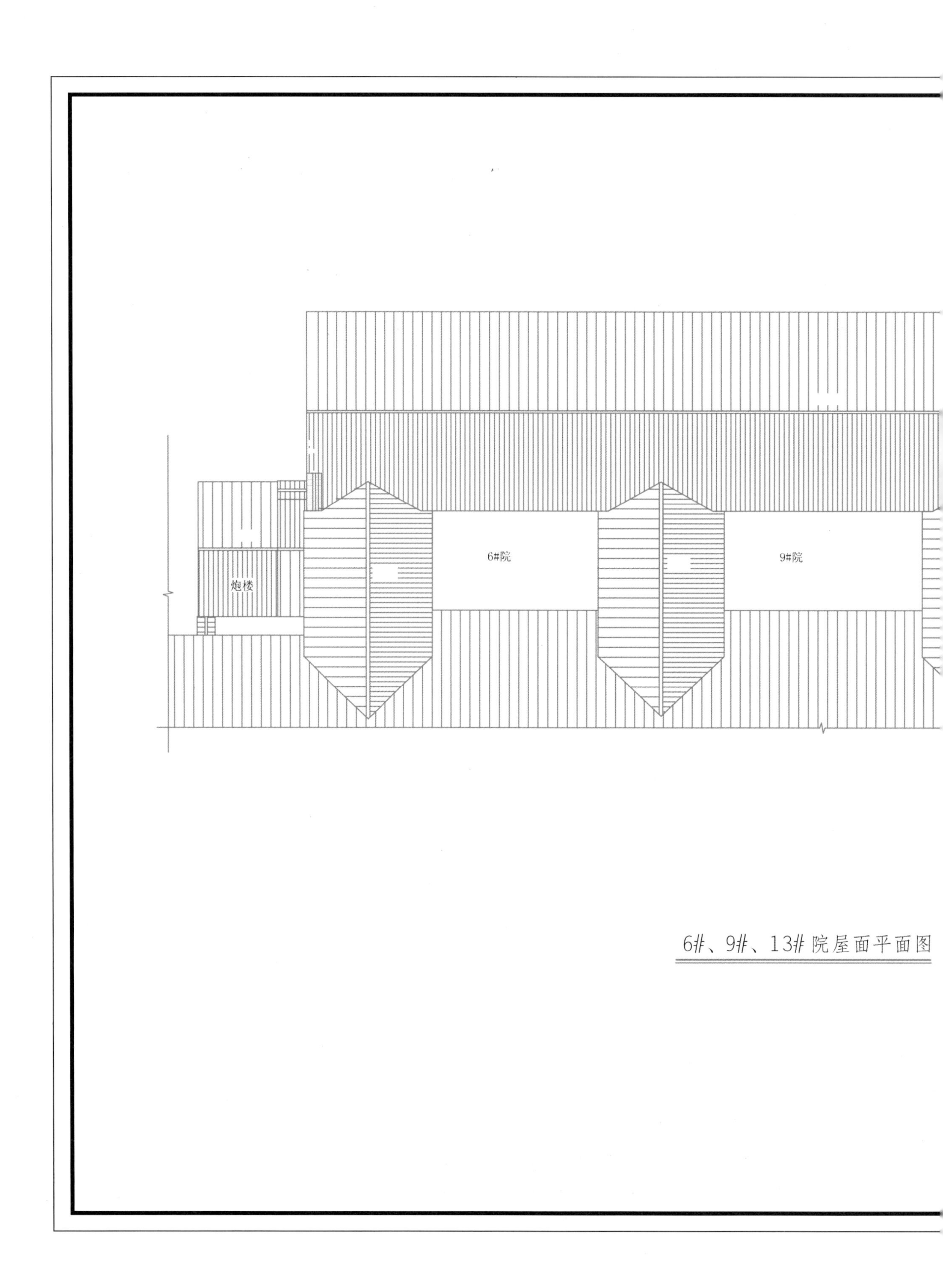
6#院
9#院
炮楼
6#、9#、13#院屋面平面图

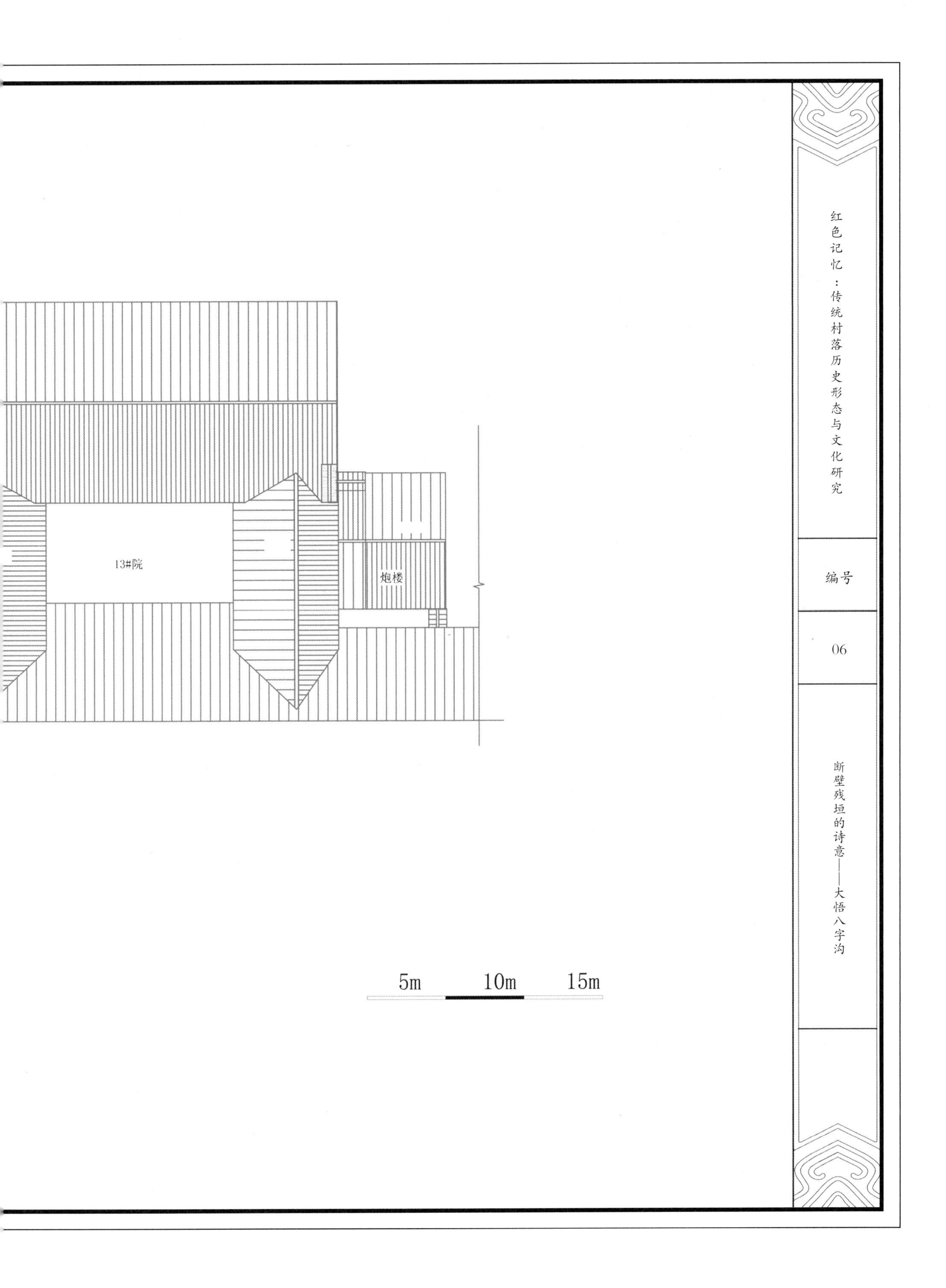
13#院
炮楼
5m
10m
15m
红色记忆：传统村落历史形态与文化研究
编号
06
断壁残垣的诗意——大悟八字沟

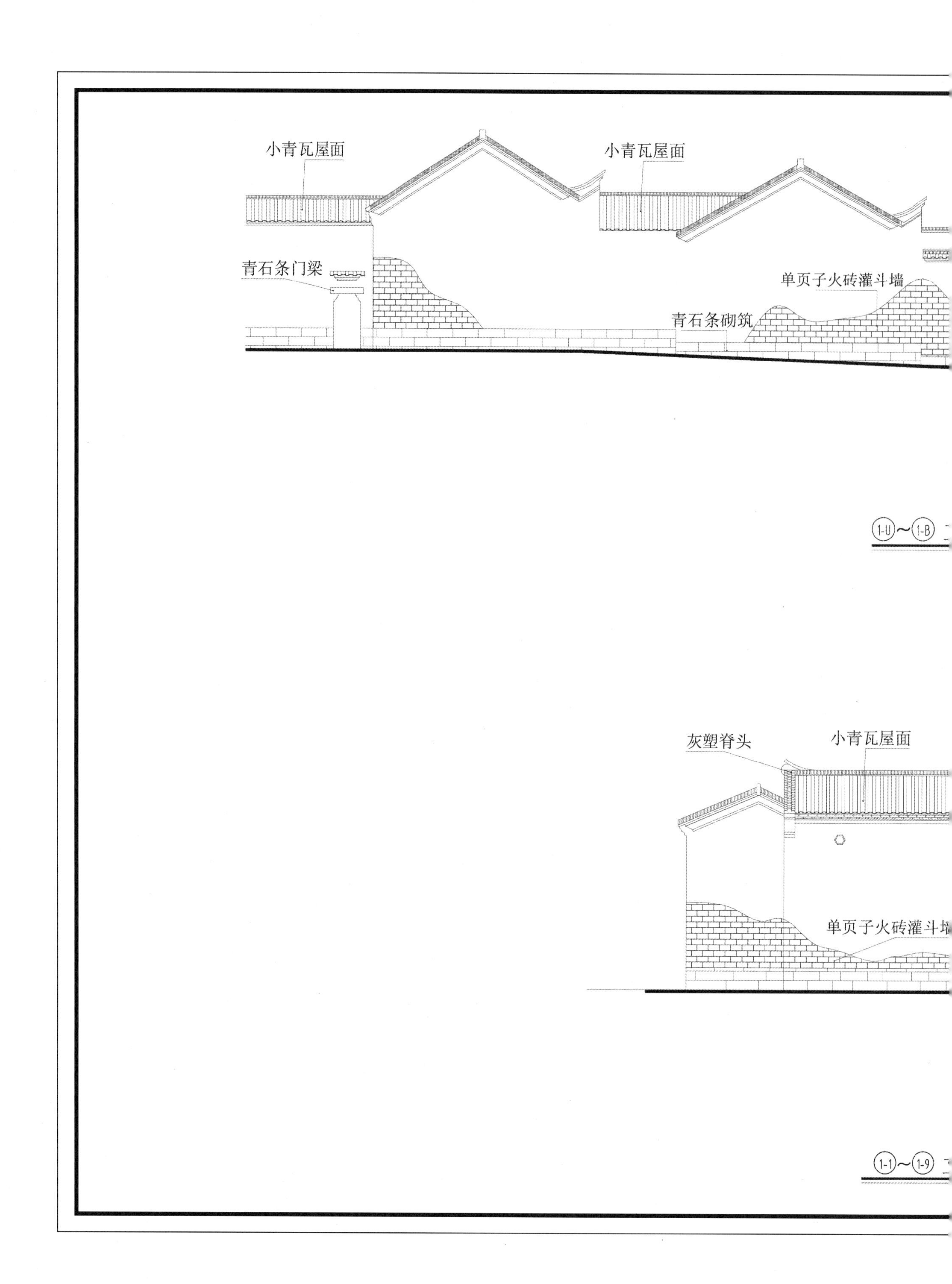
小青瓦屋面
小青瓦屋面
青石条门梁
单页子火砖灌斗墙
青石条砌筑
1-U～1-B
灰塑脊头
小青瓦屋面
单页子火砖灌斗墙
1-1～1-9

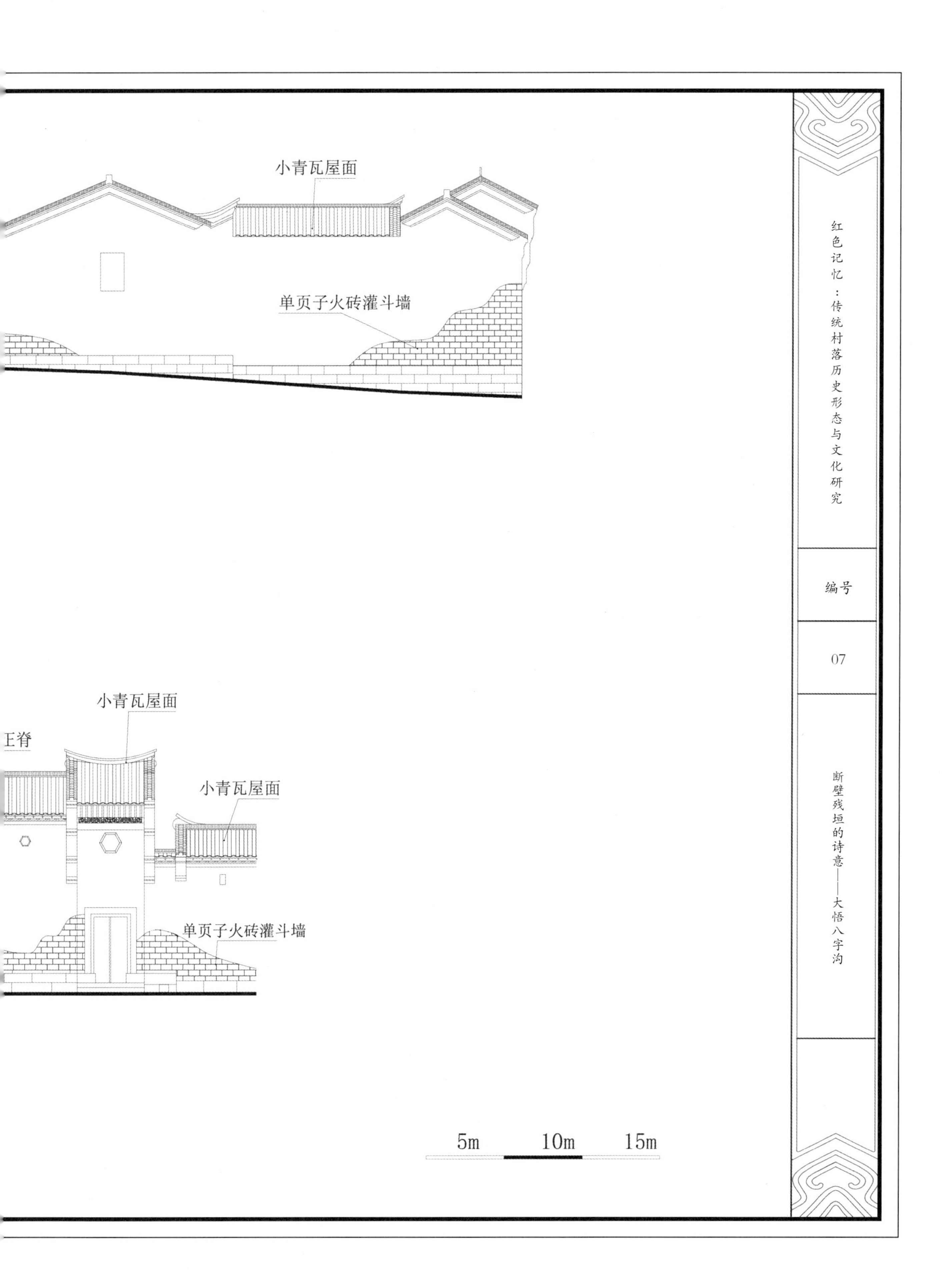
小青瓦屋面
单页子火砖灌斗墙
小青瓦屋面
王脊
小青瓦屋面
单页子火砖灌斗墙
5m
10m
15m
红色记忆：传统村落历史形态与文化研究
编号
07
断壁残垣的诗意——大悟八字沟

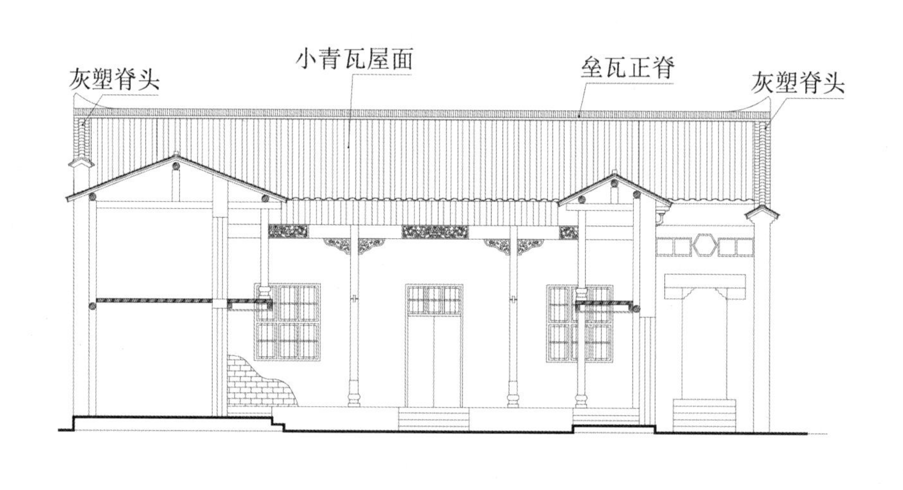

1—1剖面图

（1#院）

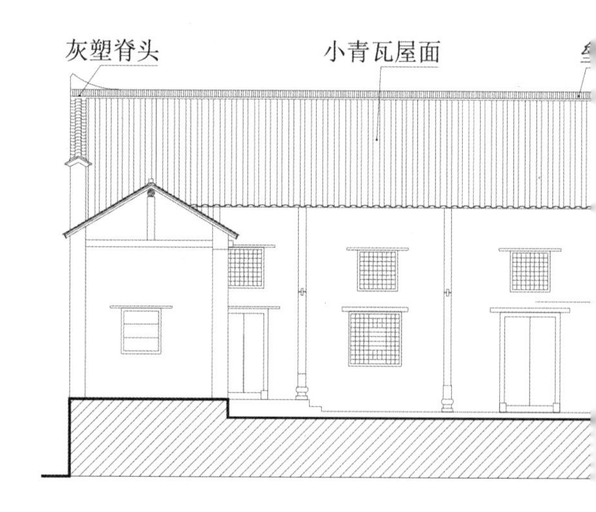

3—3剖面图

（3#院）

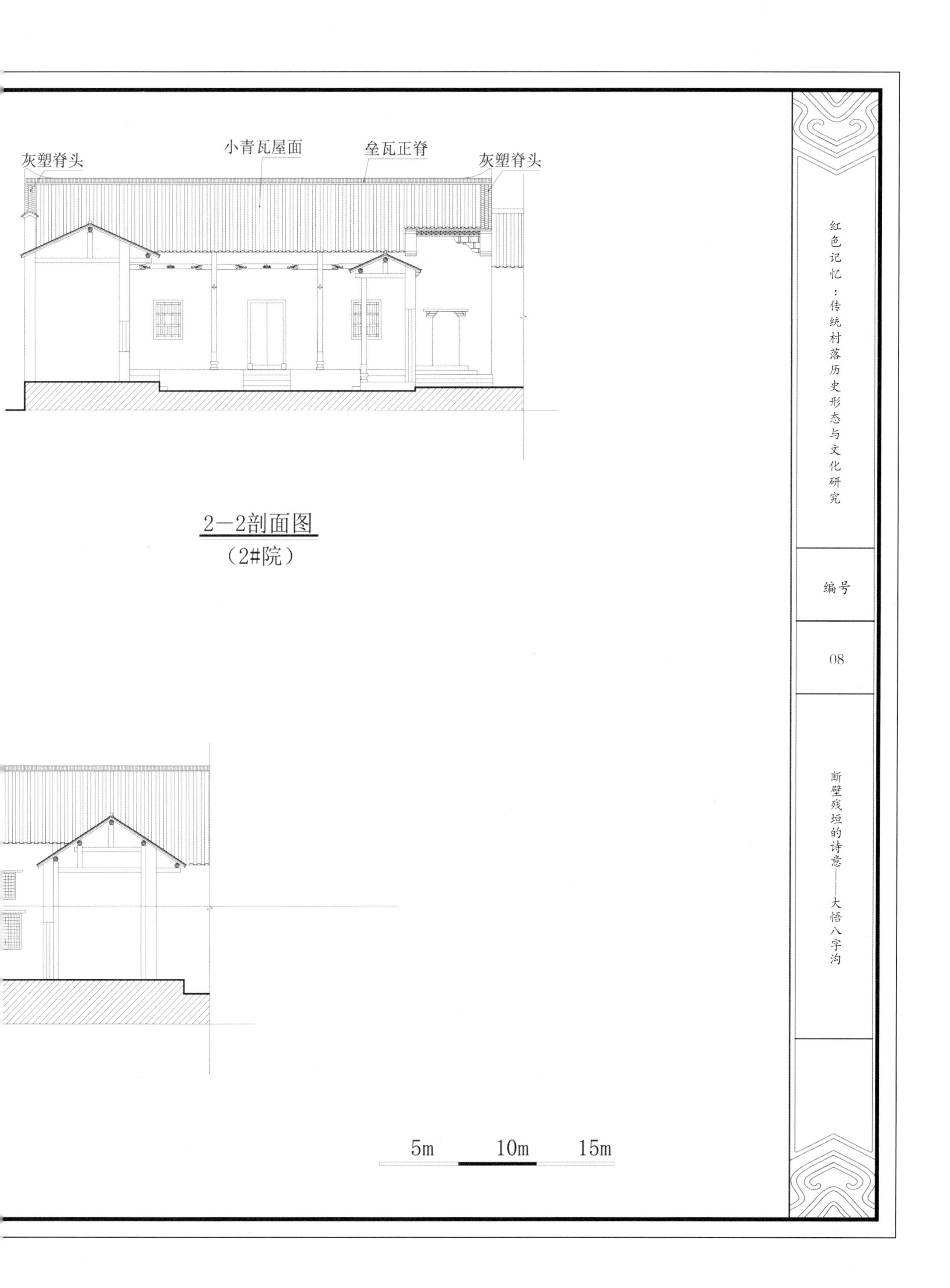
灰塑脊头
小青瓦屋面
垒瓦正脊
灰塑脊头
2—2剖面图
（2#院）
红色记忆：传统村落历史形态与文化研究
编号
08
断壁残垣的诗意——大悟八字沟
5m
10m
15m

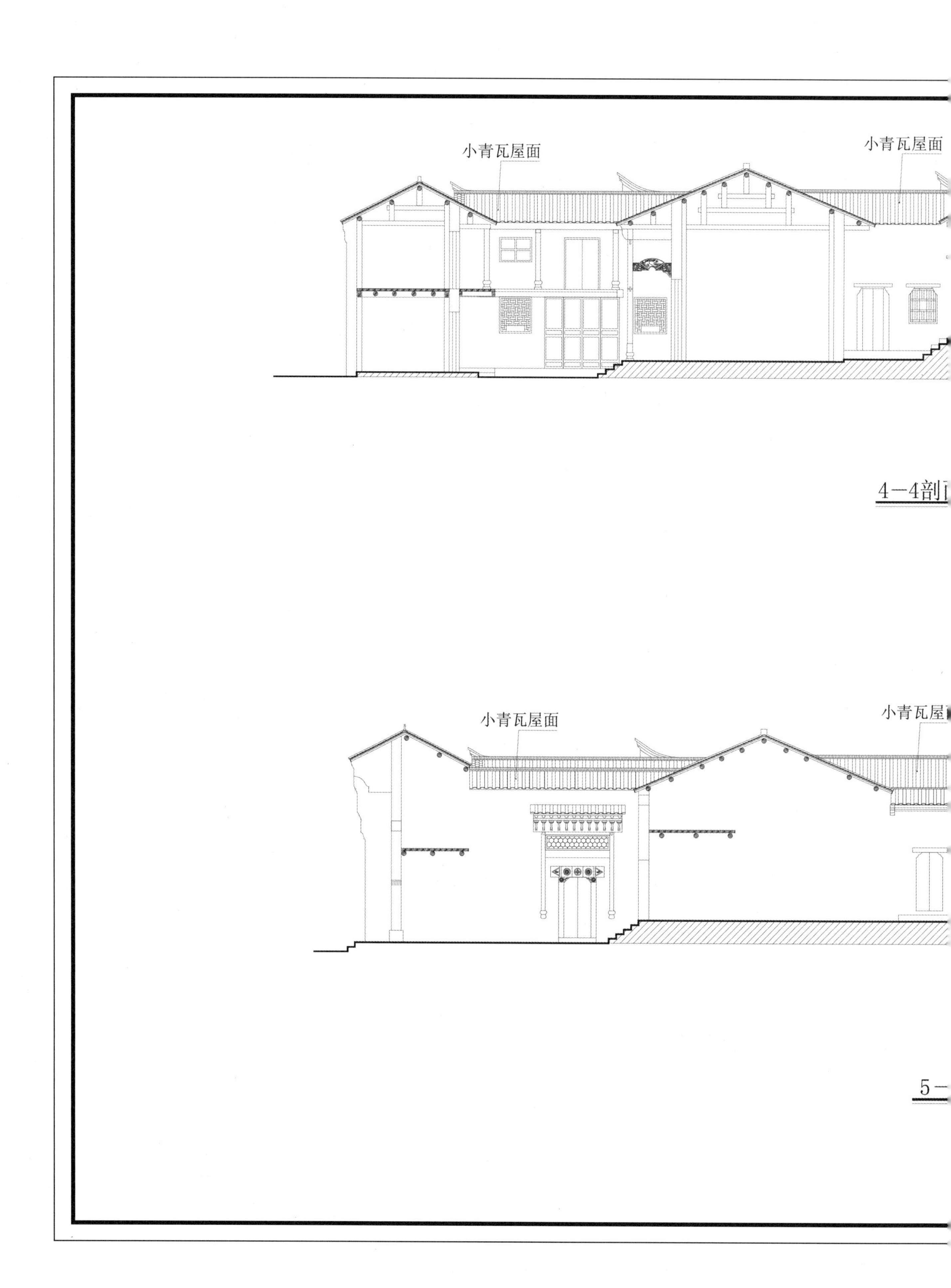
小青瓦屋面
小青瓦屋面
4—4剖
小青瓦屋面
小青瓦屋
5—

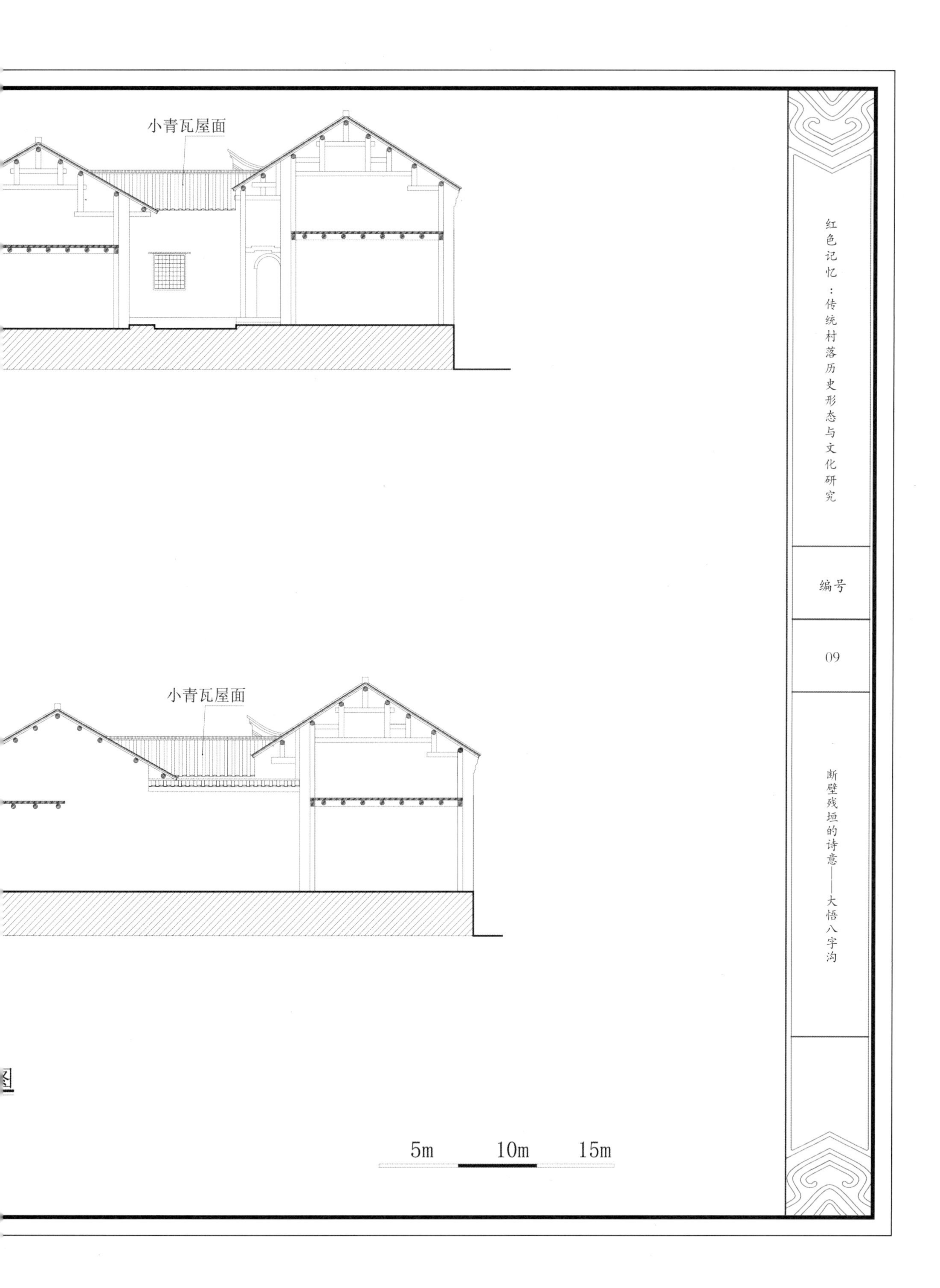
小青瓦屋面
小青瓦屋面
图
5m
10m
15m
红色记忆：传统村落历史形态与文化研究
编号
09
断壁残垣的诗意——大悟八字沟

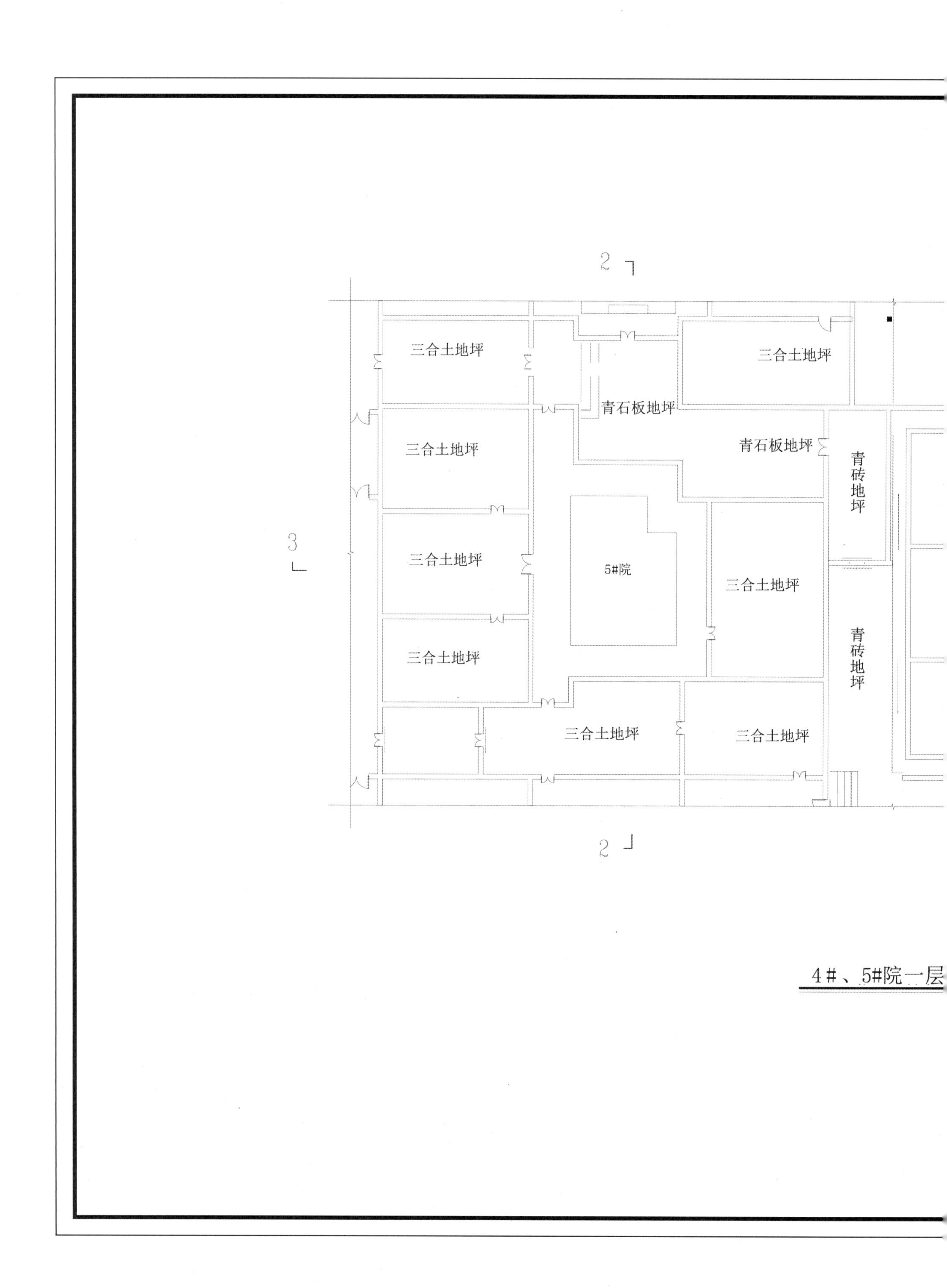

2
三合土地坪
三合土地坪
青石板地坪
青石板地坪
三合土地坪
青砖地坪
3
三合土地坪
5#院
三合土地坪
三合土地坪
青砖地坪
三合土地坪
三合土地坪
2
4#、5#院一层

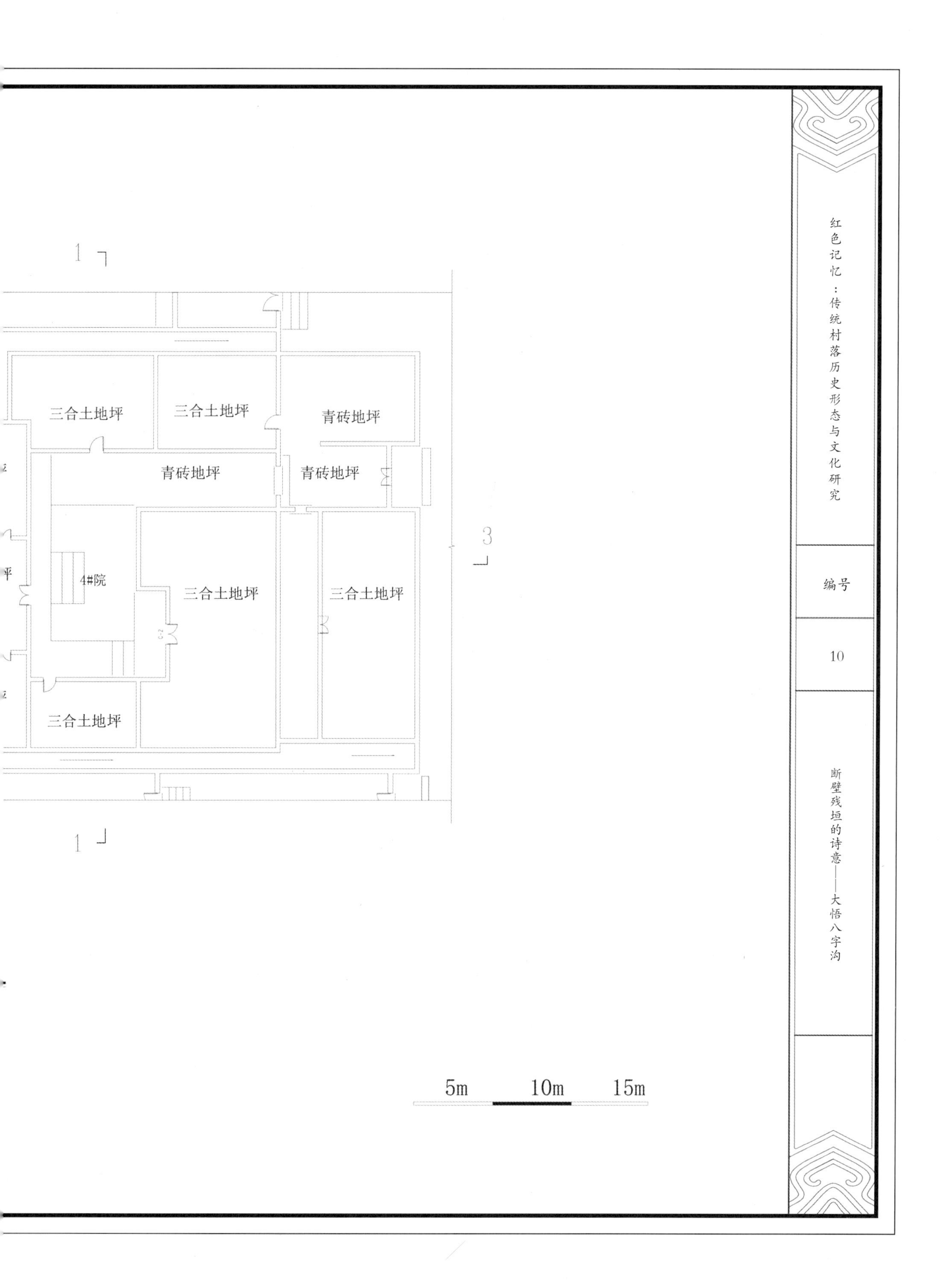
1
三合土地坪
三合土地坪
青砖地坪
青砖地坪
青砖地坪
4#院
三合土地坪
三合土地坪
三合土地坪
3
1
5m 10m 15m
红色记忆：传统村落历史形态与文化研究
编号
10
断壁残垣的诗意——大悟八字沟

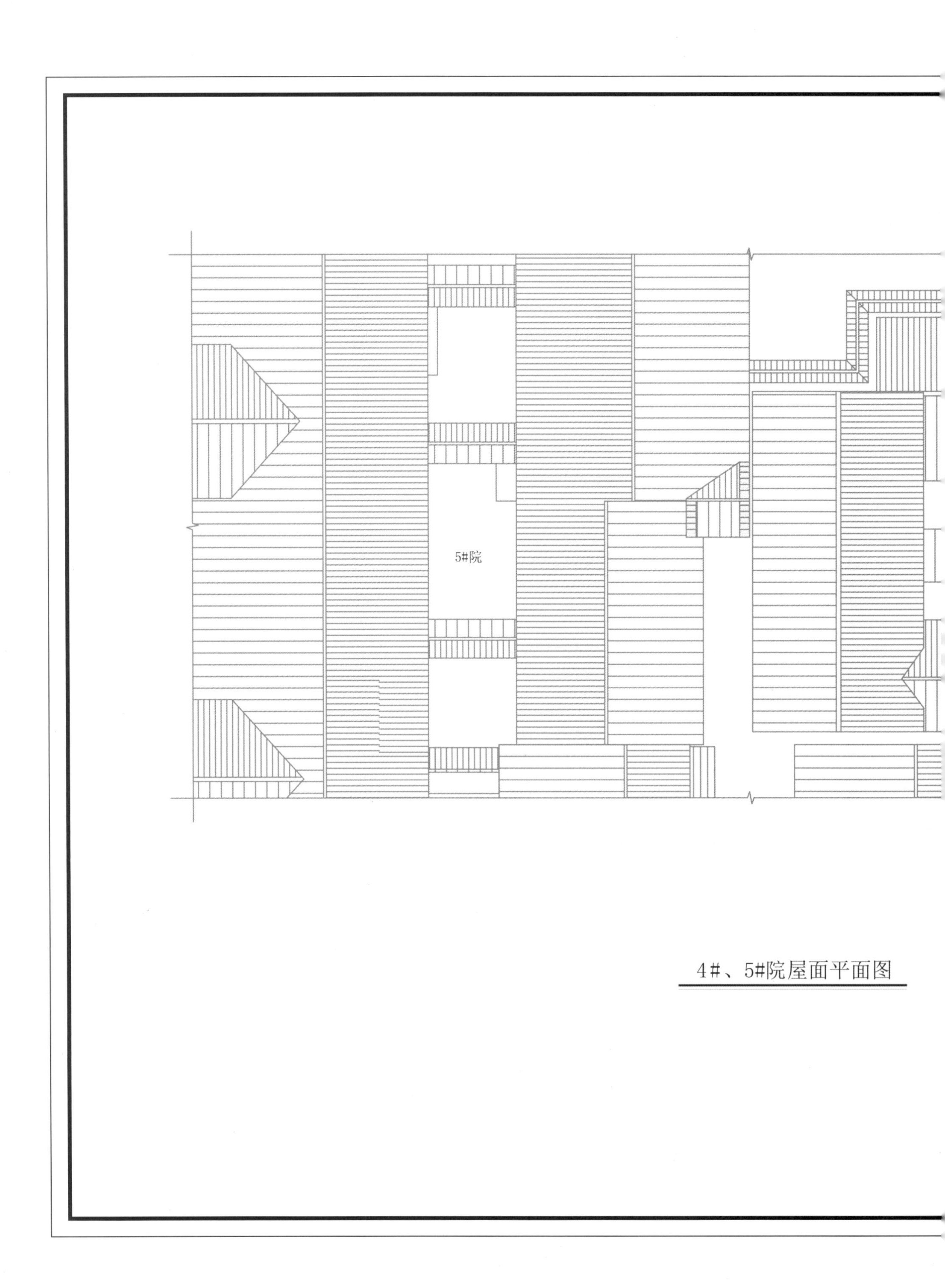

4#、5#院屋面平面图

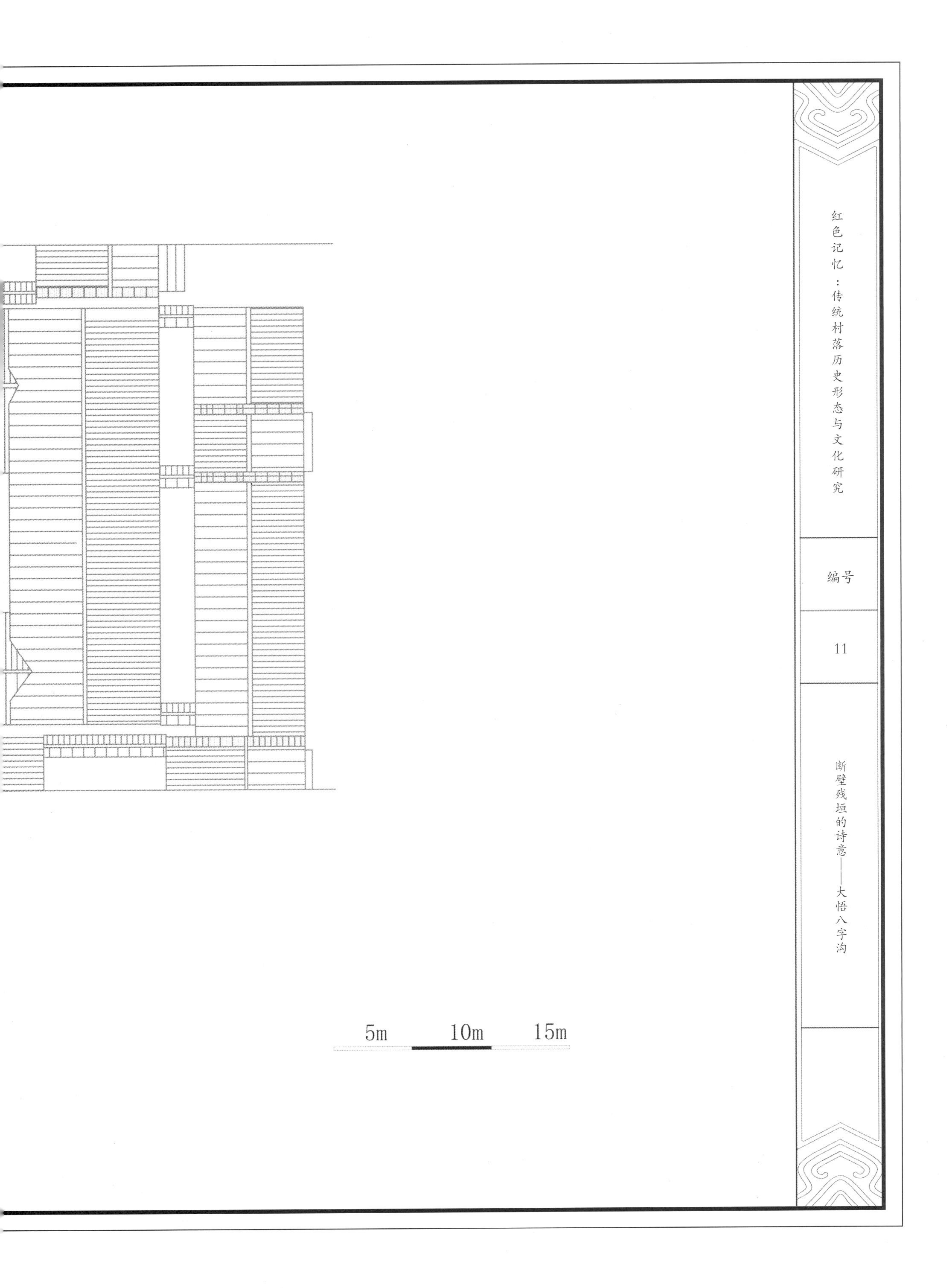
红色记忆：传统村落历史形态与文化研究
编号
11
断壁残垣的诗意——大悟八字沟
5m
10m
15m

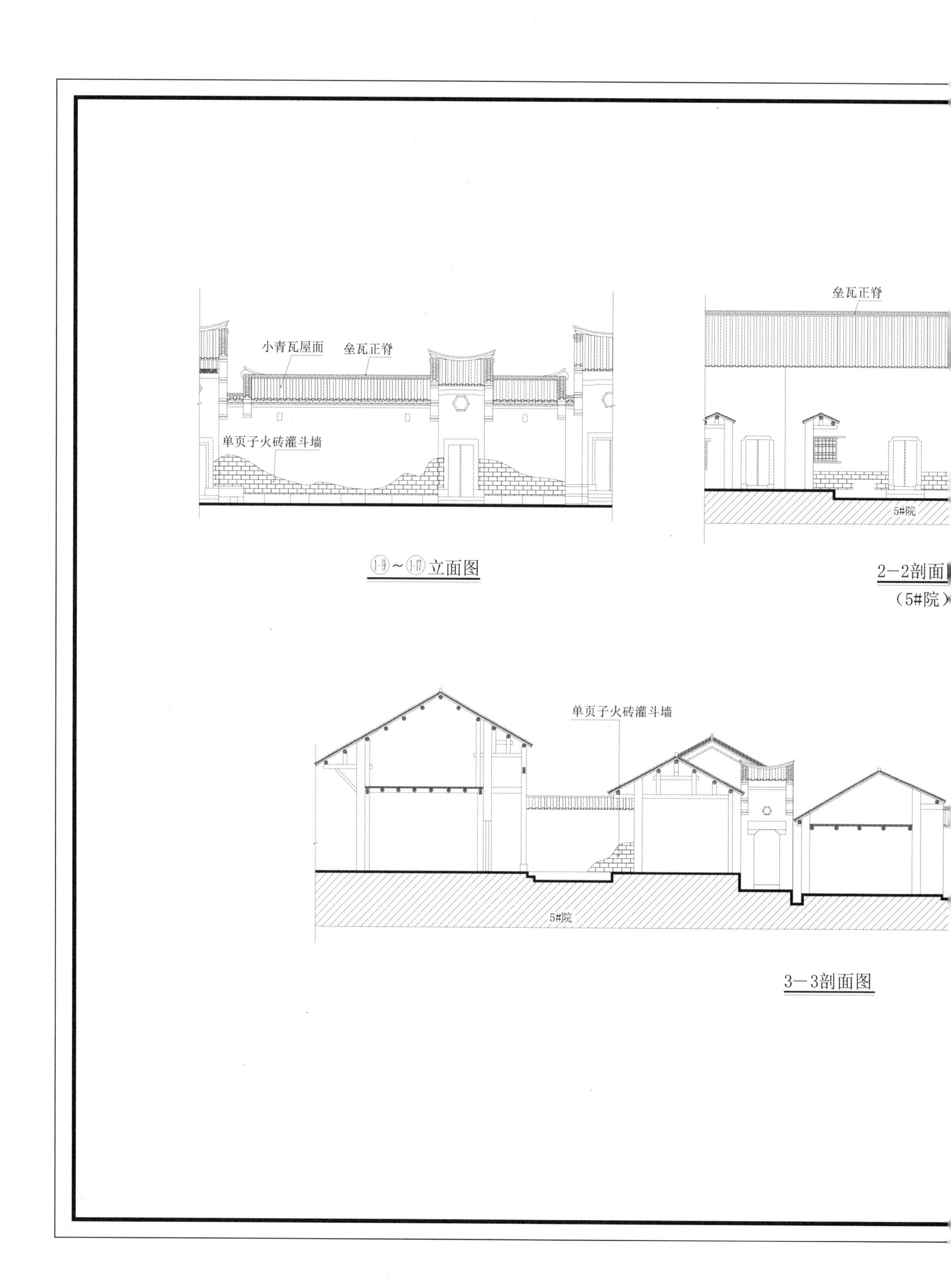

⑴-⑼～⑴-⒄立面图

2—2剖面
（5#院）

3—3剖面图

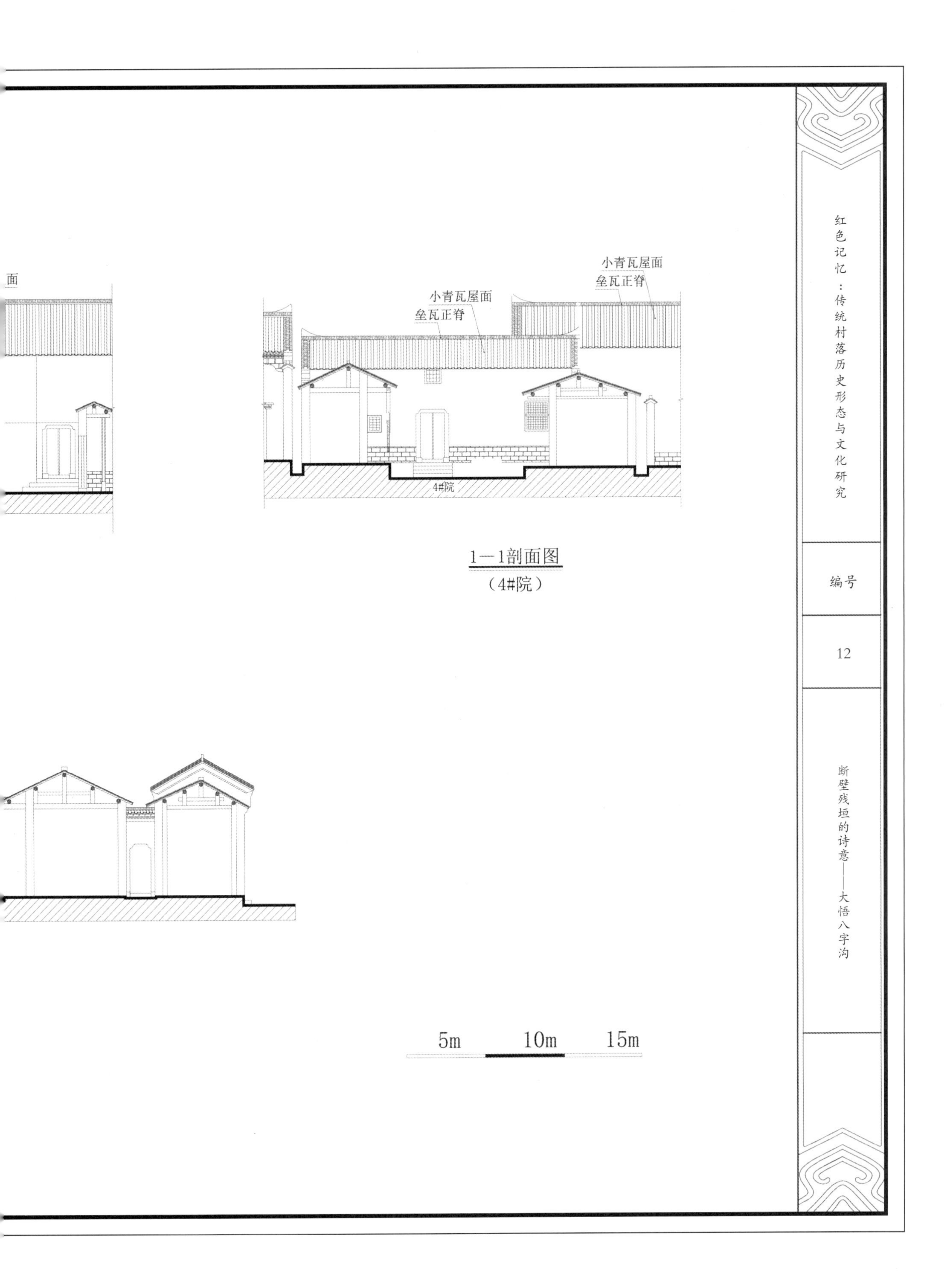
面
小青瓦屋面
垒瓦正脊
小青瓦屋面
垒瓦正脊
4#院
1—1剖面图
（4#院）
5m
10m
15m
红色记忆：传统村落历史形态与文化研究
编号
12
断壁残垣的诗意——大悟八字沟

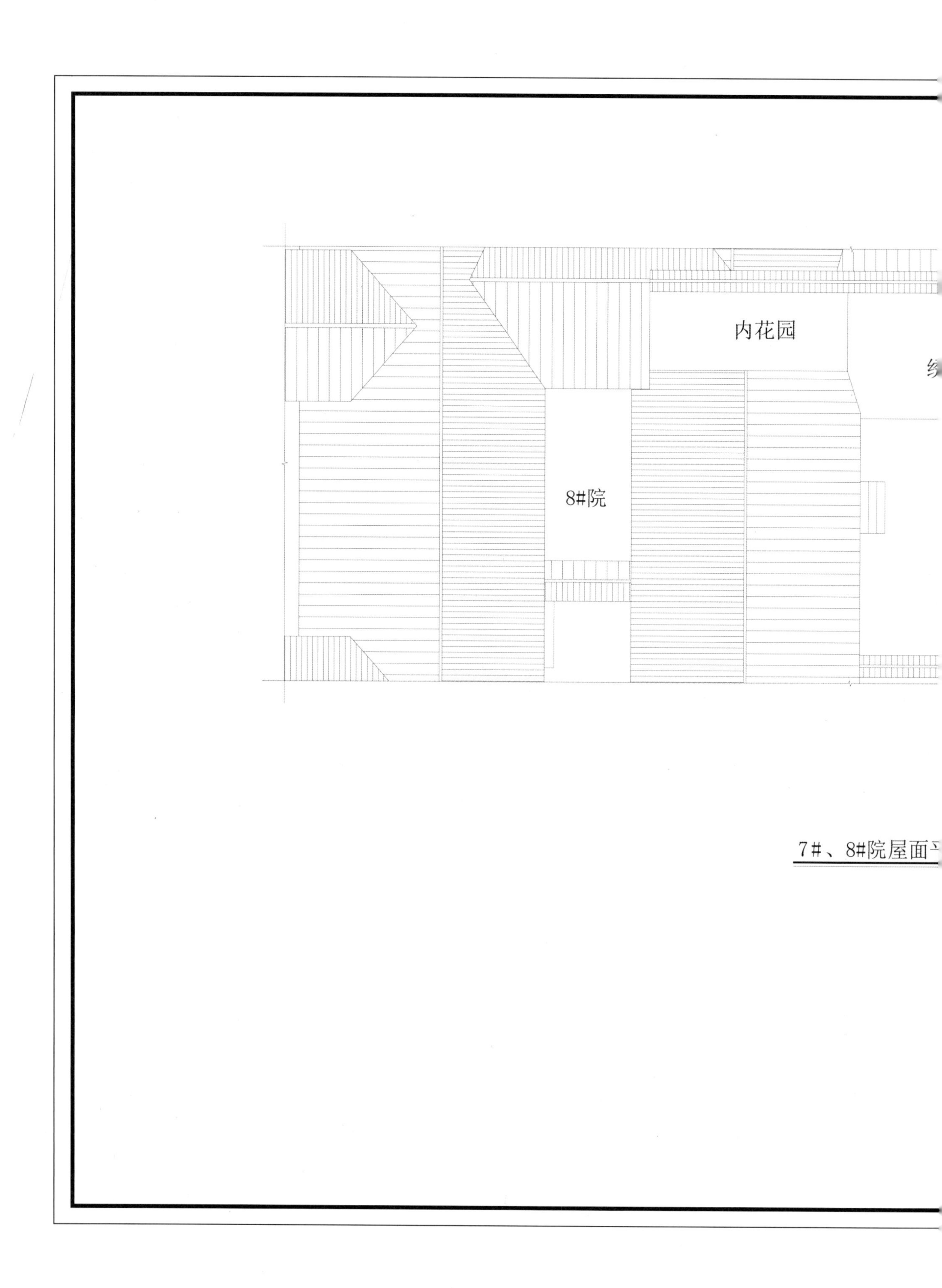
内花园
8#院
7#、8#院屋面

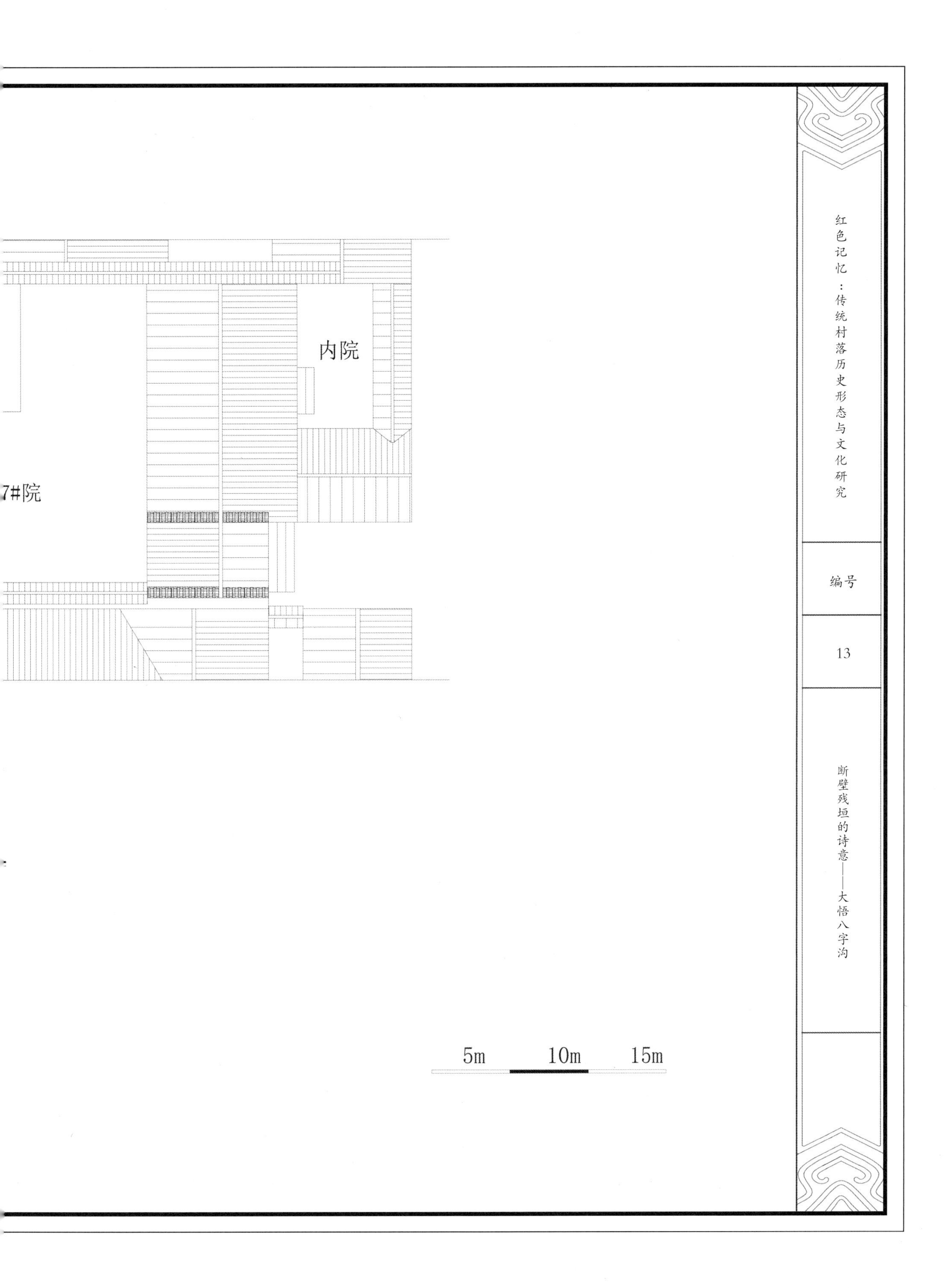
内院
7#院
5m
10m
15m
红色记忆：传统村落历史形态与文化研究
编号
13
断壁残垣的诗意——大悟八字沟

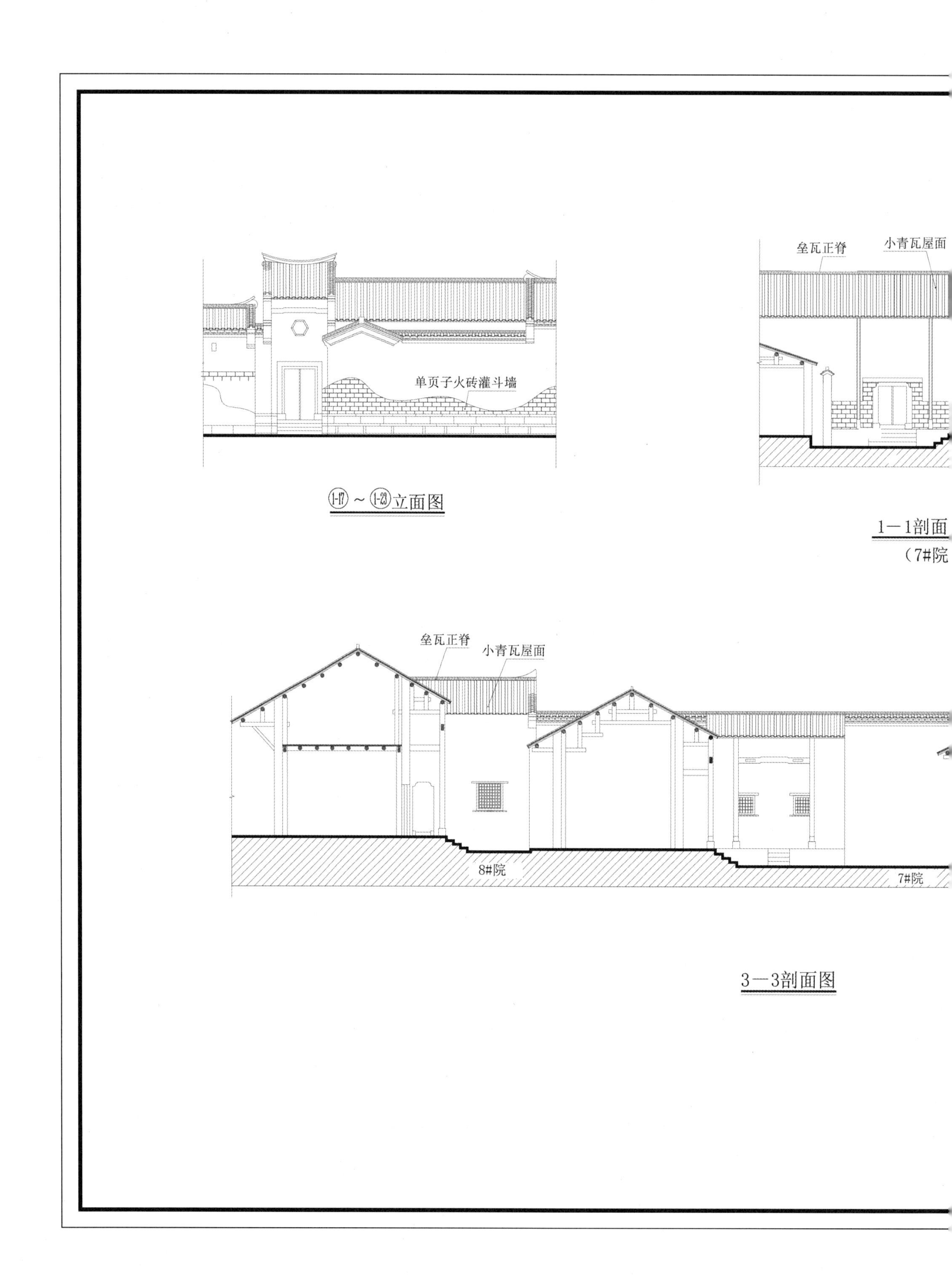
单页子火砖灌斗墙
1-17 ~ 1-23立面图
垒瓦正脊
小青瓦屋面
1—1剖面
（7#院
垒瓦正脊
小青瓦屋面
8#院
7#院
3—3剖面图

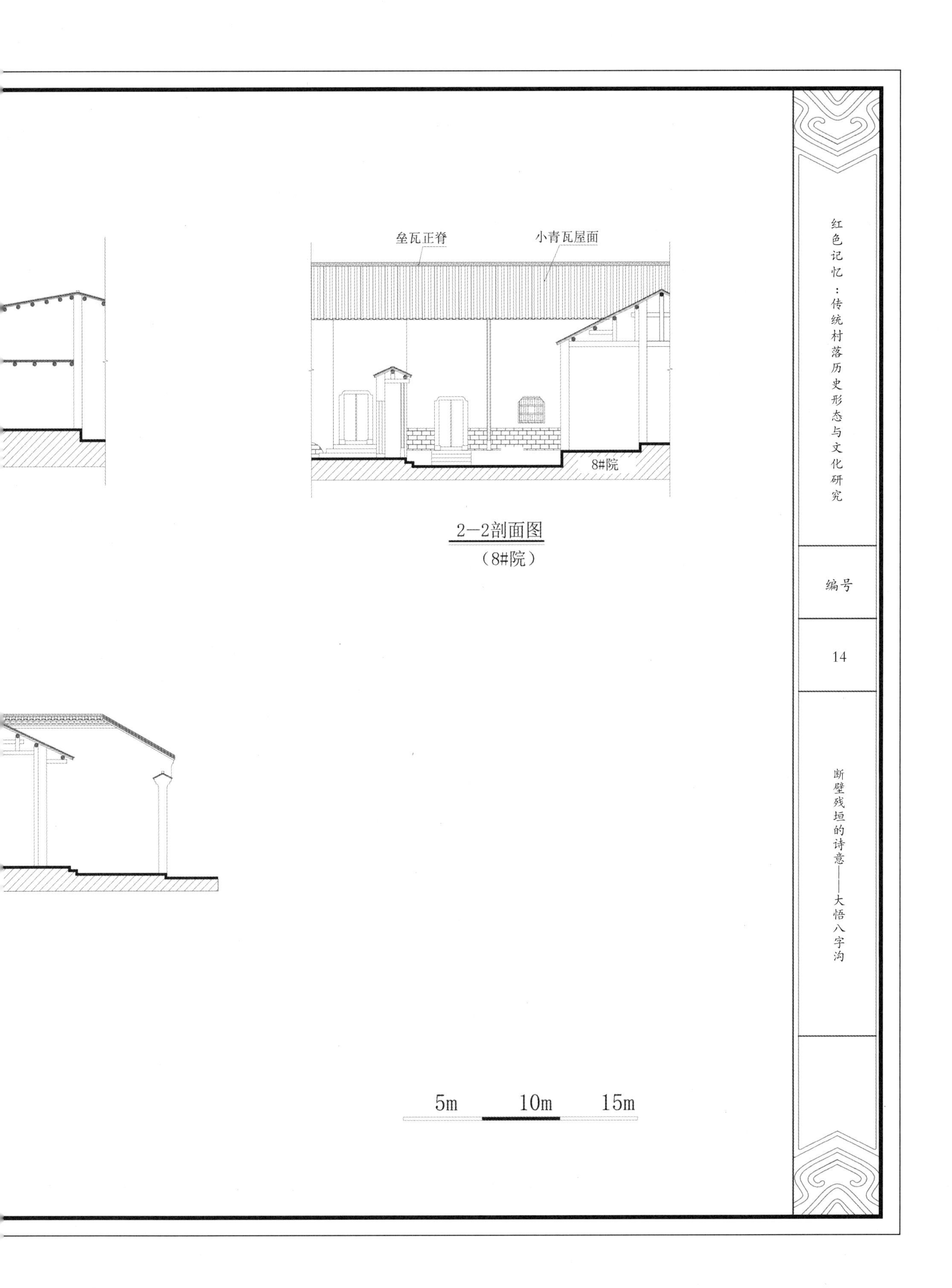
垒瓦正脊
小青瓦屋面
8#院
2—2剖面图
（8#院）
5m
10m
15m
红色记忆：传统村落历史形态与文化研究
编号
14
断壁残垣的诗意——大悟八字沟

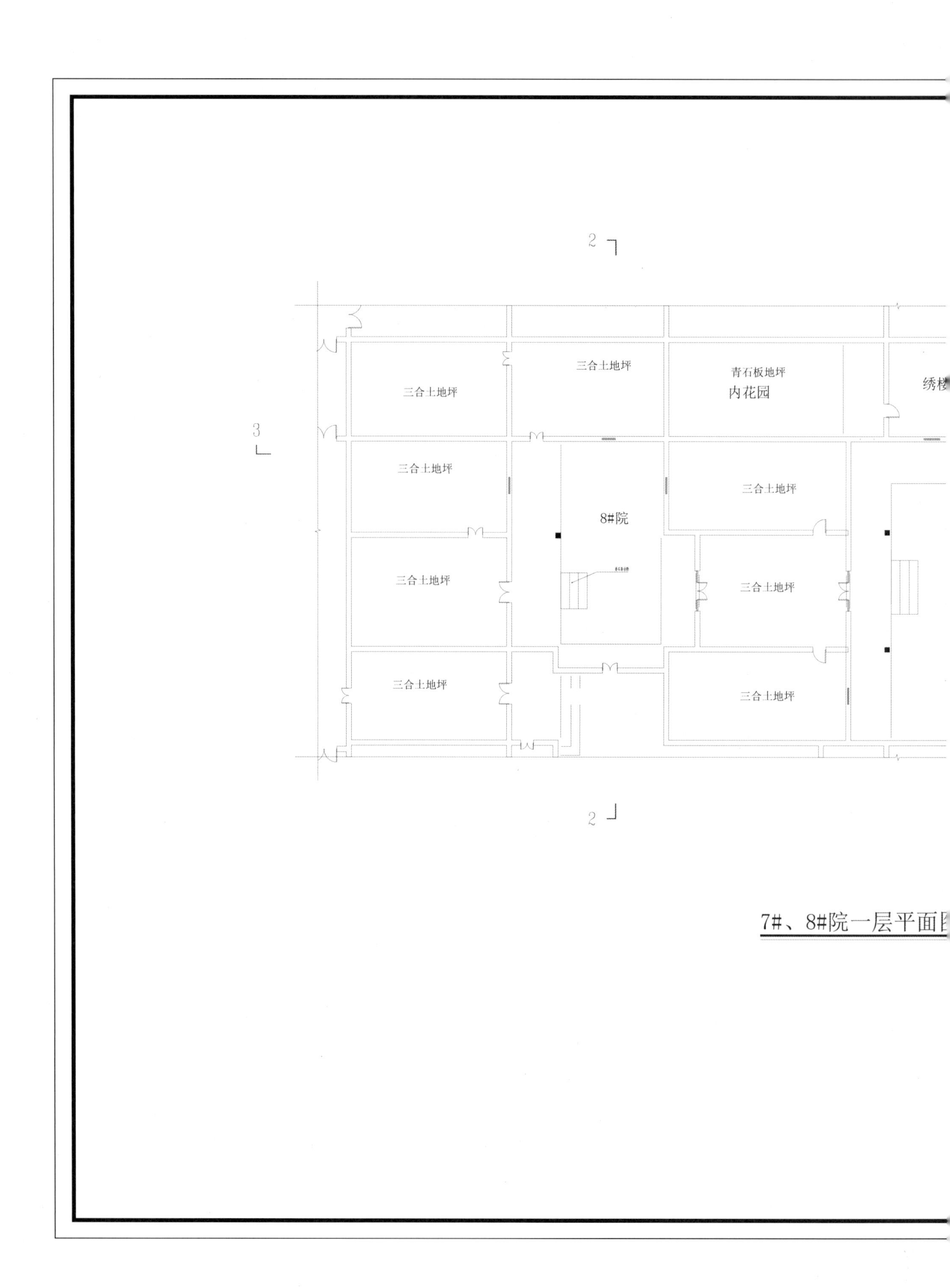
2
3
三合土地坪
三合土地坪
青石板地坪
内花园
绣楼
三合土地坪
8#院
三合土地坪
三合土地坪
三合土地坪
三合土地坪
三合土地坪
2
7#、8#院一层平面图

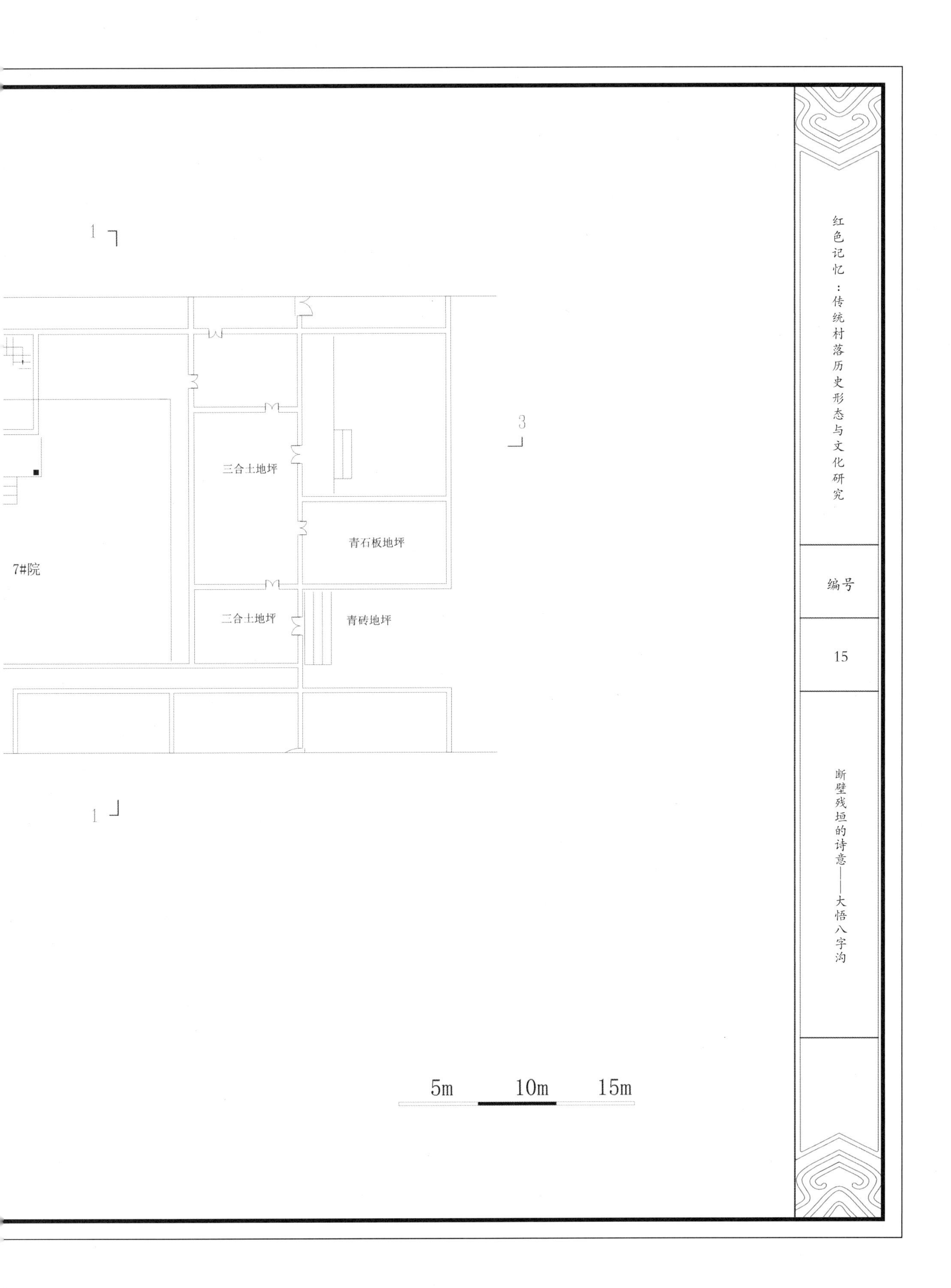
1
3
三合土地坪
青石板地坪
7#院
二合土地坪
青砖地坪
1
5m
10m
15m
红色记忆：传统村落历史形态与文化研究
编号
15
断壁残垣的诗意——大悟八字沟

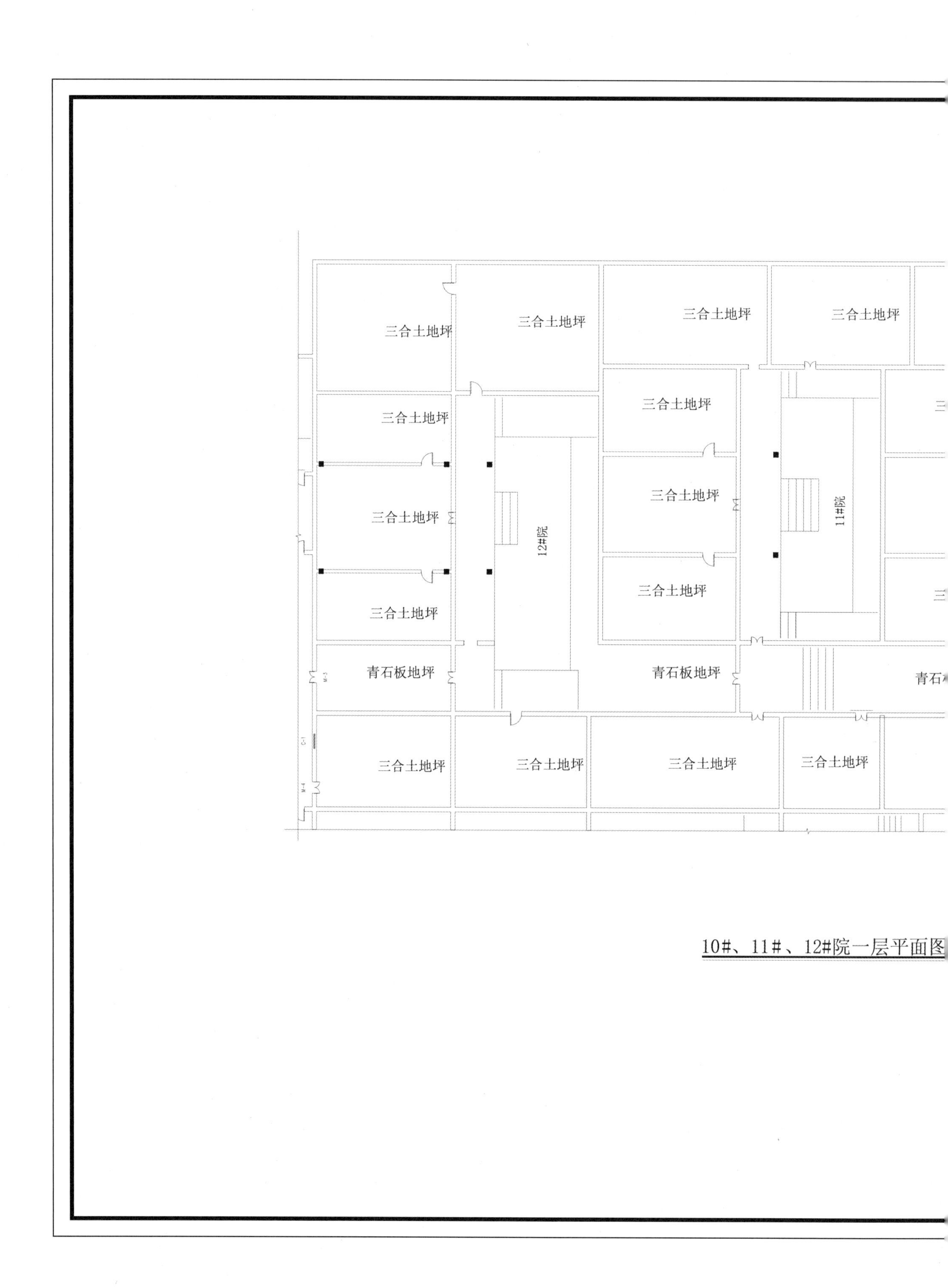

10#、11#、12#院一层平面图

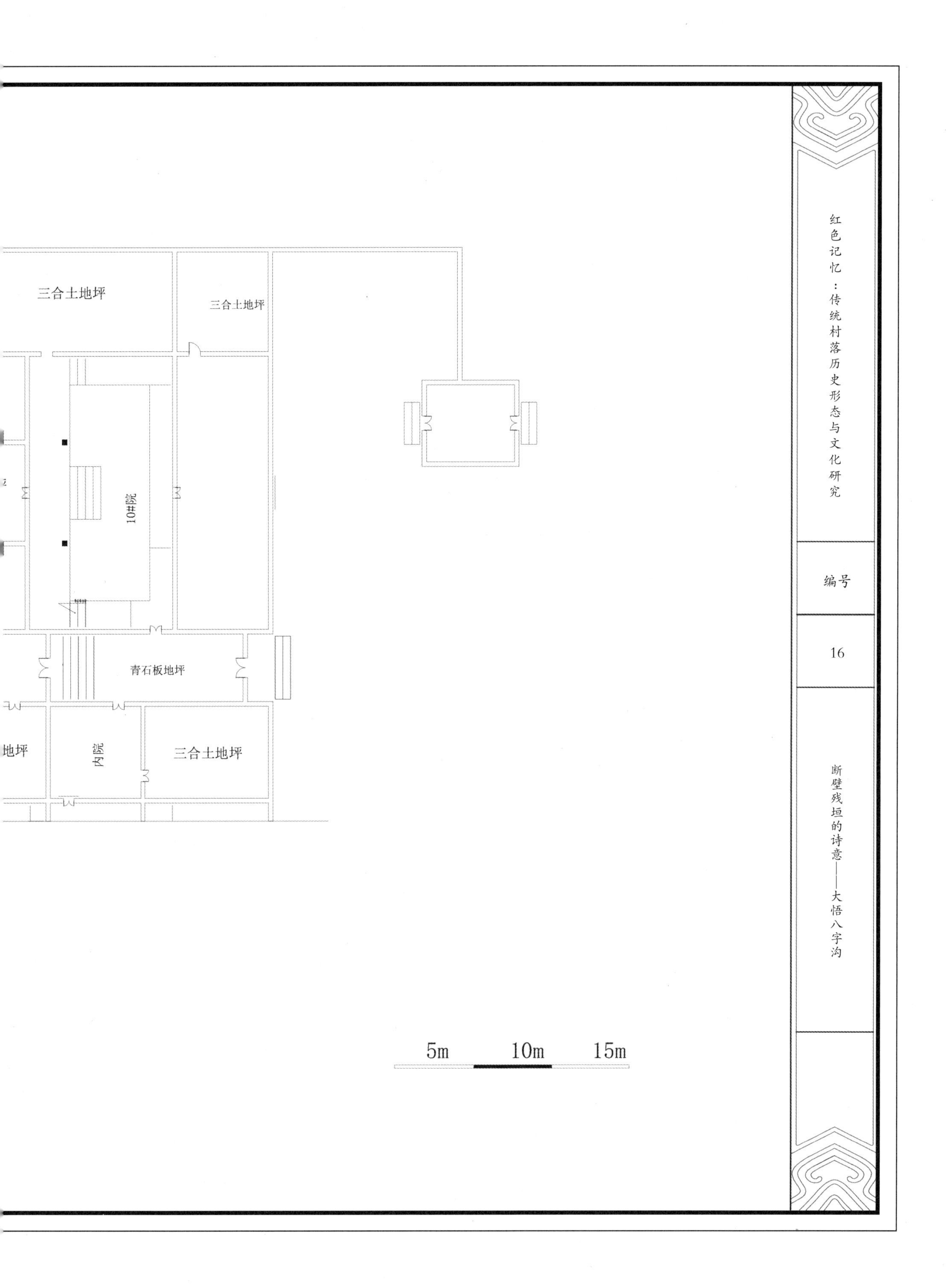
三合土地坪
三合土地坪
10#院
青石板地坪
地坪
内院
三合土地坪
5m 10m 15m
红色记忆：传统村落历史形态与文化研究
编号
16
断壁残垣的诗意——大悟八字沟

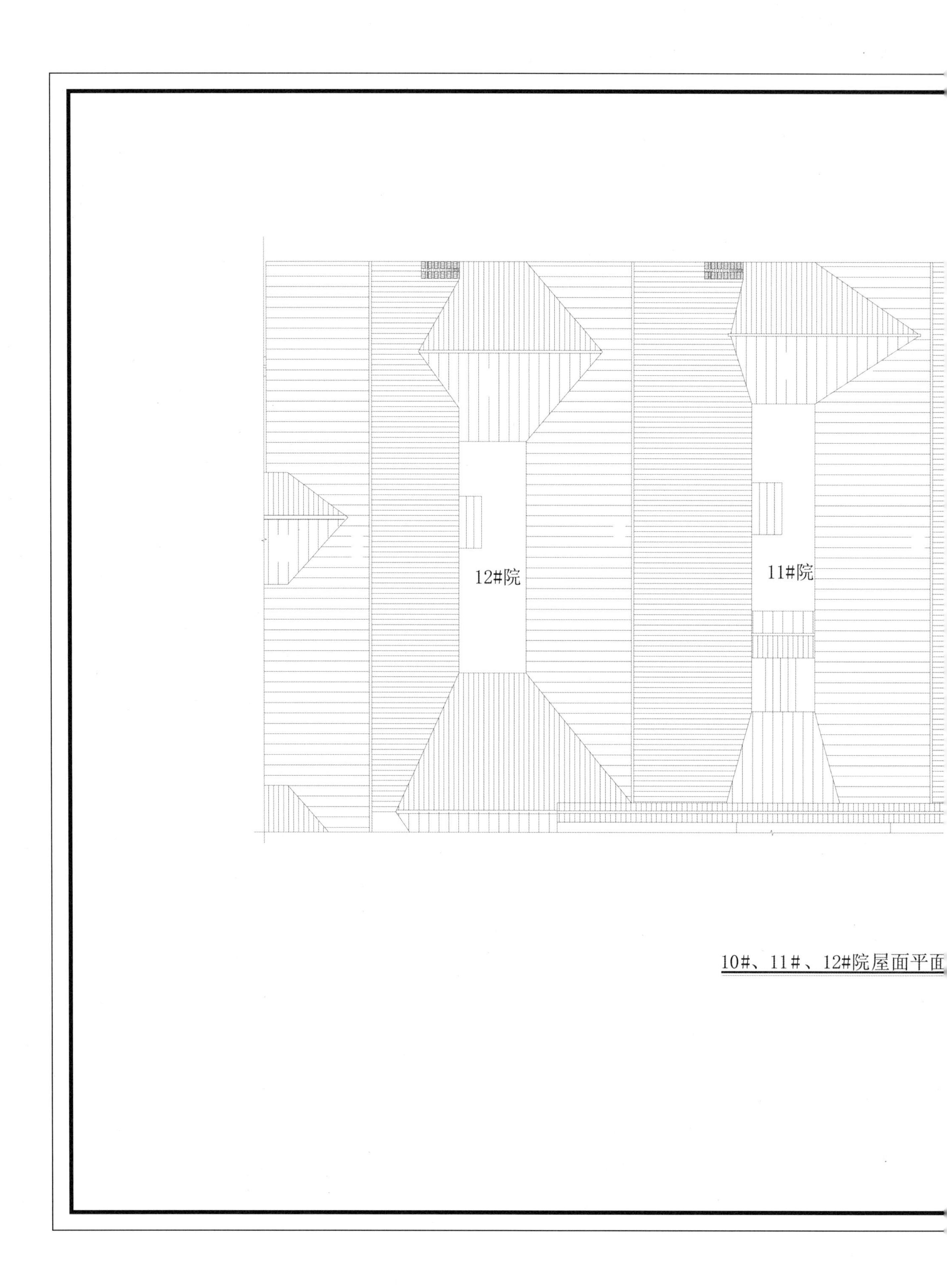
12#院
11#院
10#、11#、12#院屋面平面

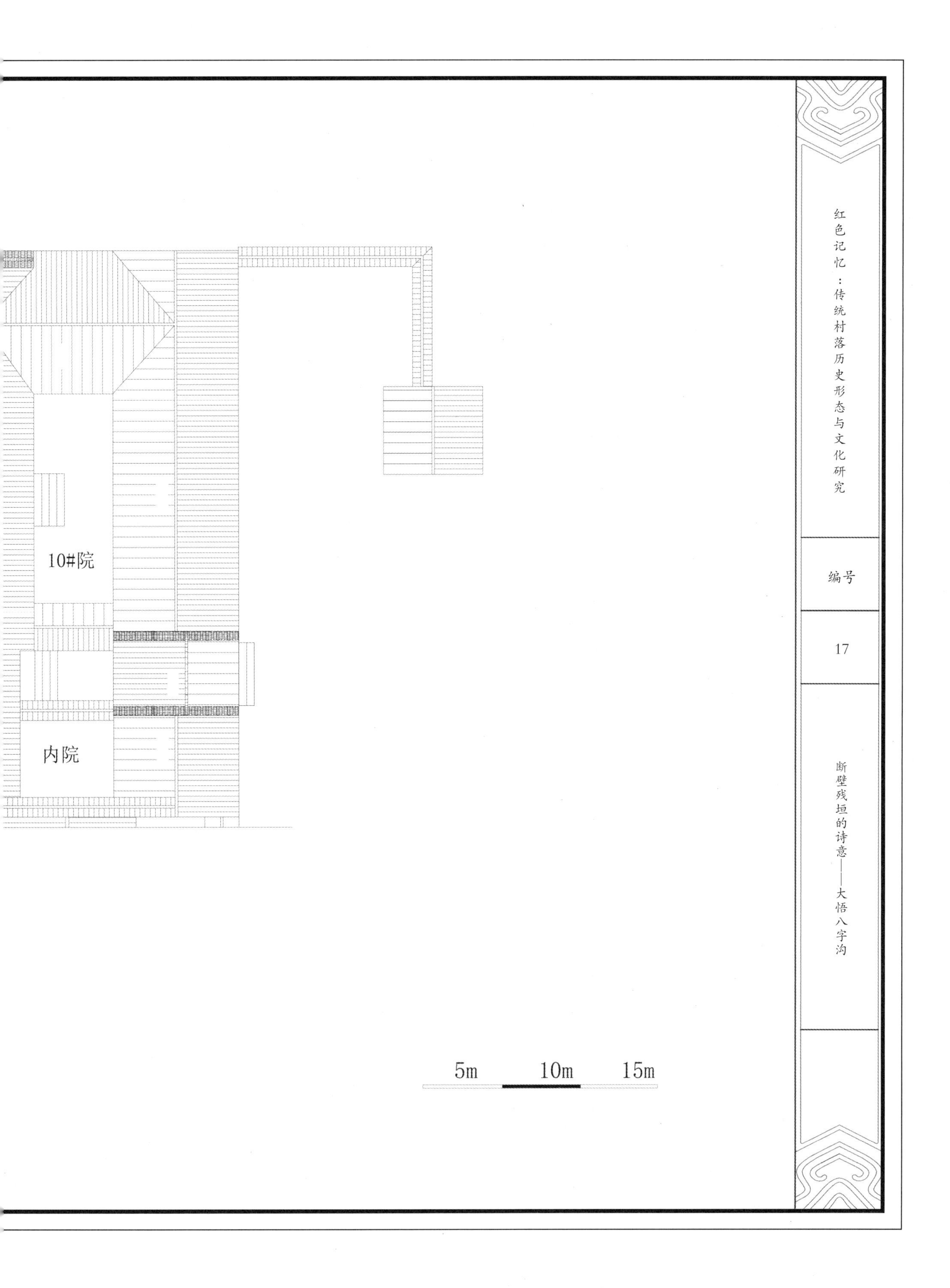

10#院
内院
5m
10m
15m
红色记忆：传统村落历史形态与文化研究
编号
17
断壁残垣的诗意——大悟八字沟

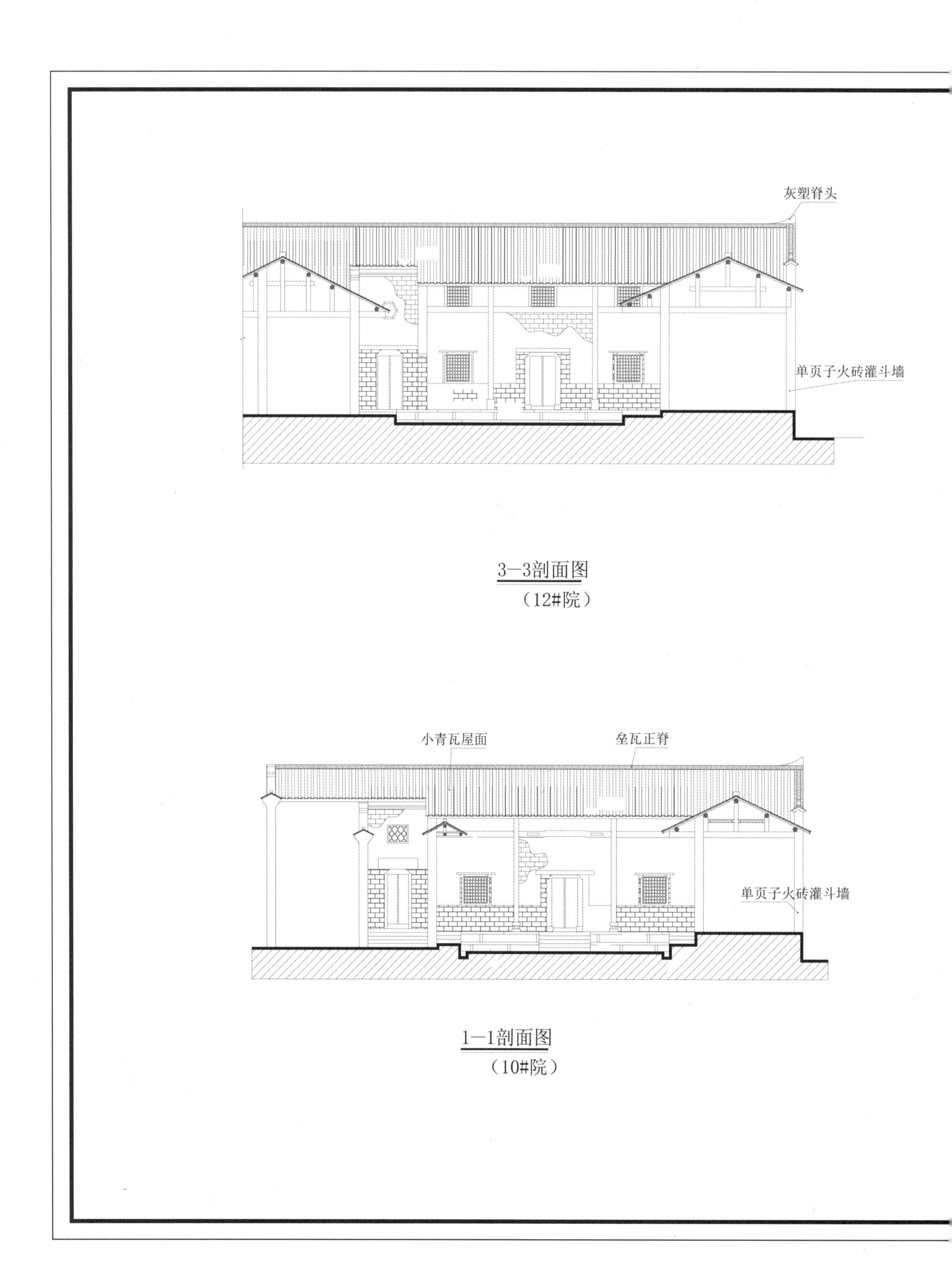

3—3剖面图
（12#院）

1—1剖面图
（10#院）

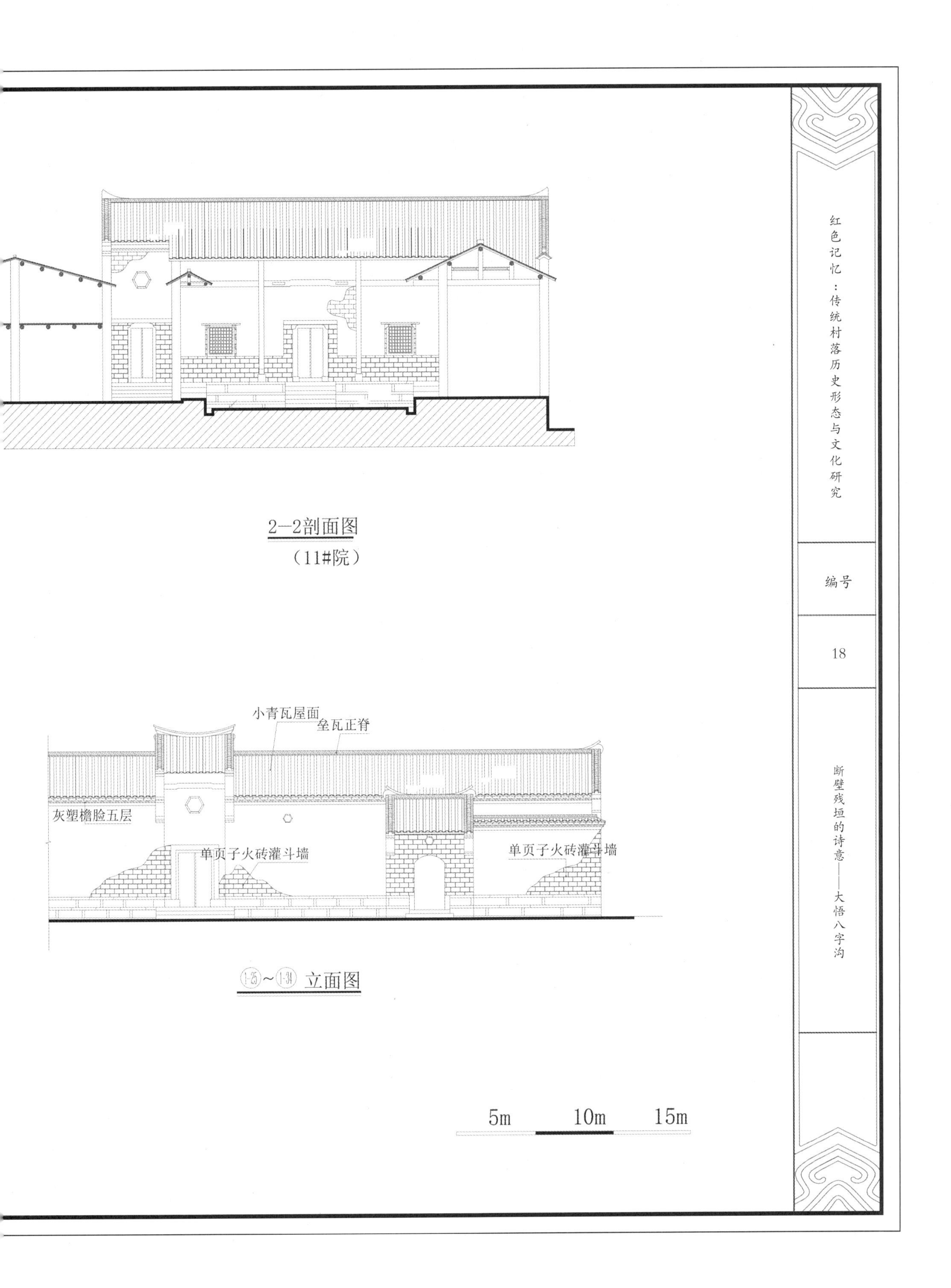

2—2剖面图
（11#院）
小青瓦屋面
垒瓦正脊
灰塑檐脸五层
单页子火砖灌斗墙
单页子火砖灌斗墙
1-25 ~ 1-34 立面图
5m
10m
15m
红色记忆：传统村落历史形态与文化研究
编号
18
断壁残垣的诗意——大悟八字沟

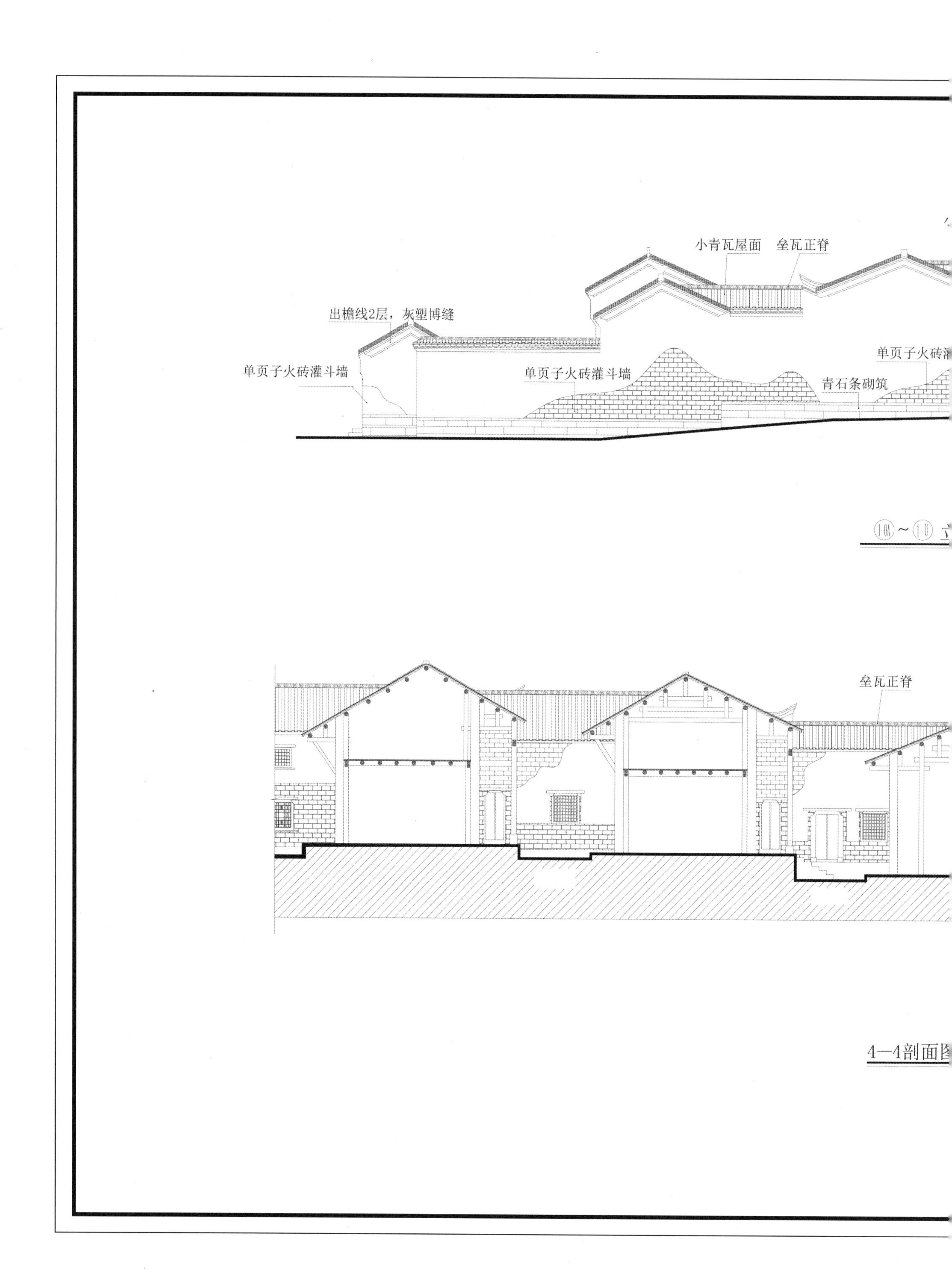
小青瓦屋面
垒瓦正脊
出檐线2层，灰塑博缝
单页子火砖灌斗墙
单页子火砖灌斗墙
青石条砌筑
垒瓦正脊
4—4剖面图

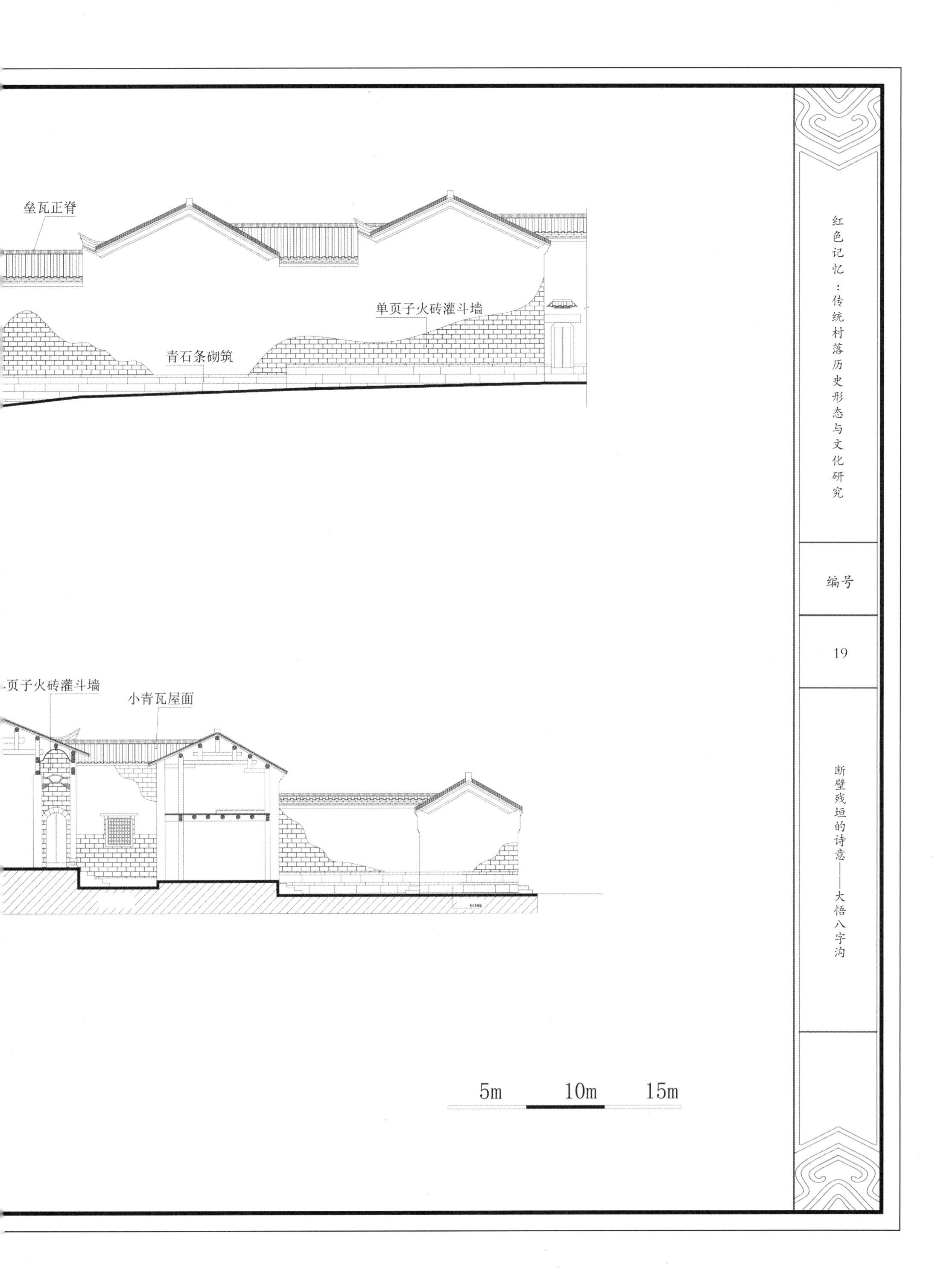
垒瓦正脊
单页子火砖灌斗墙
青石条砌筑
页子火砖灌斗墙
小青瓦屋面
5m
10m
15m
红色记忆：传统村落历史形态与文化研究
编号
19
断壁残垣的诗意——大悟八字沟

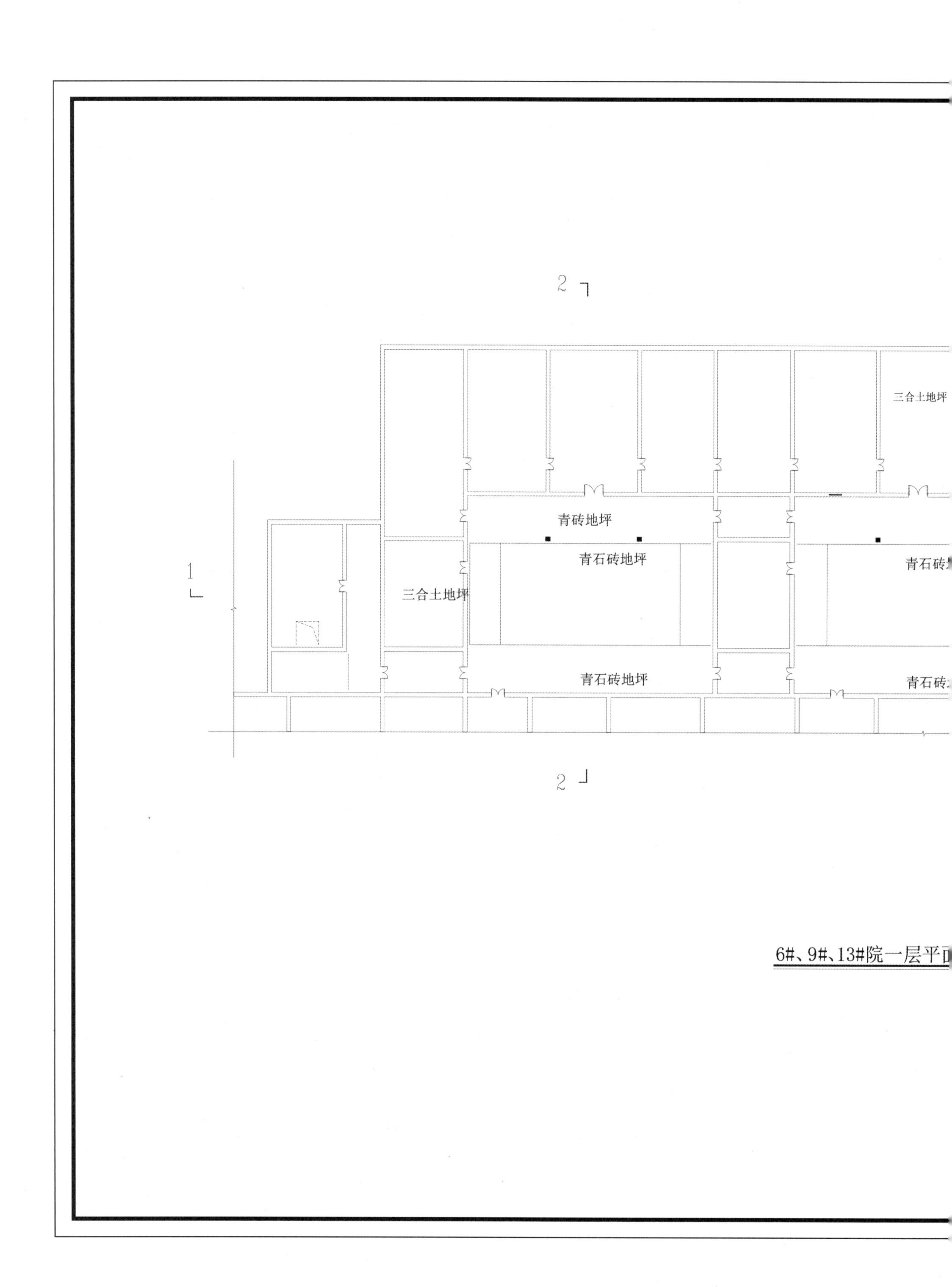
2
三合土地坪
青砖地坪
青石砖地坪
1
三合土地坪
青石砖
青石砖地坪
青石砖
2
6#、9#、13#院一层平

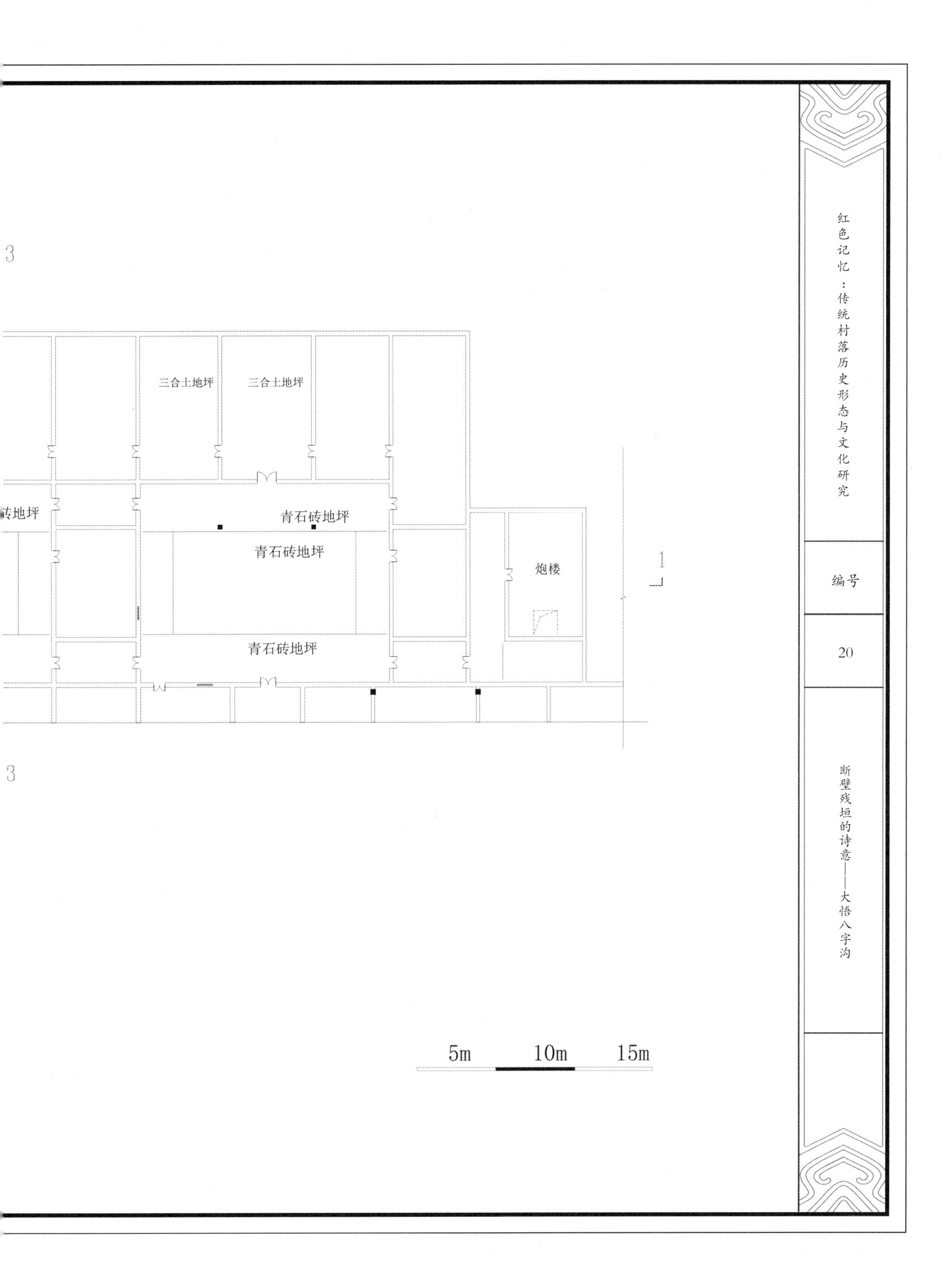
3
三合土地坪
三合土地坪
砖地坪
青石砖地坪
青石砖地坪
炮楼
1
青石砖地坪
3
5m
10m
15m
红色记忆：传统村落历史形态与文化研究
编号
20
断壁残垣的诗意——大悟八字沟

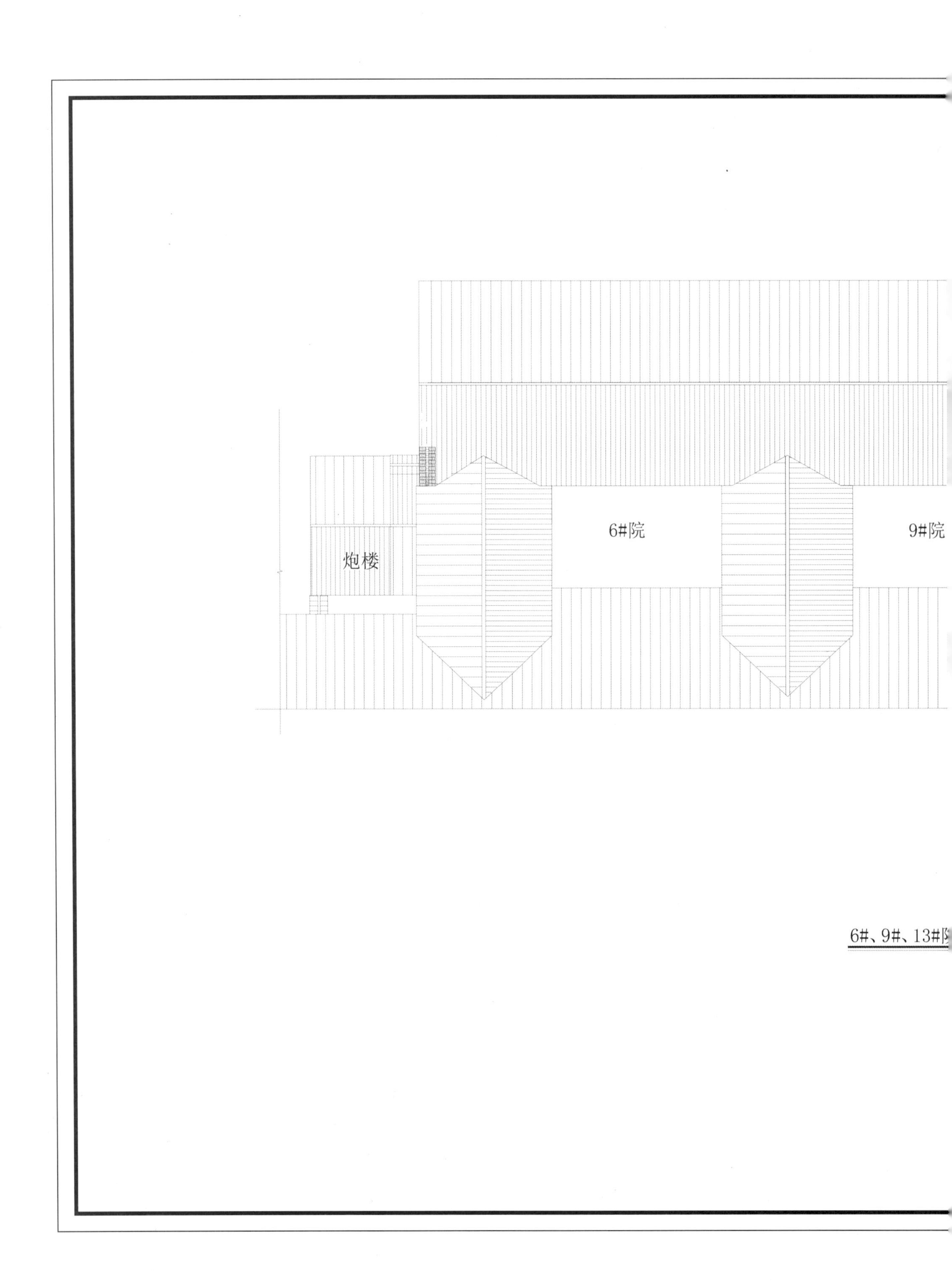
炮楼
6#院
9#院
6#、9#、13#院

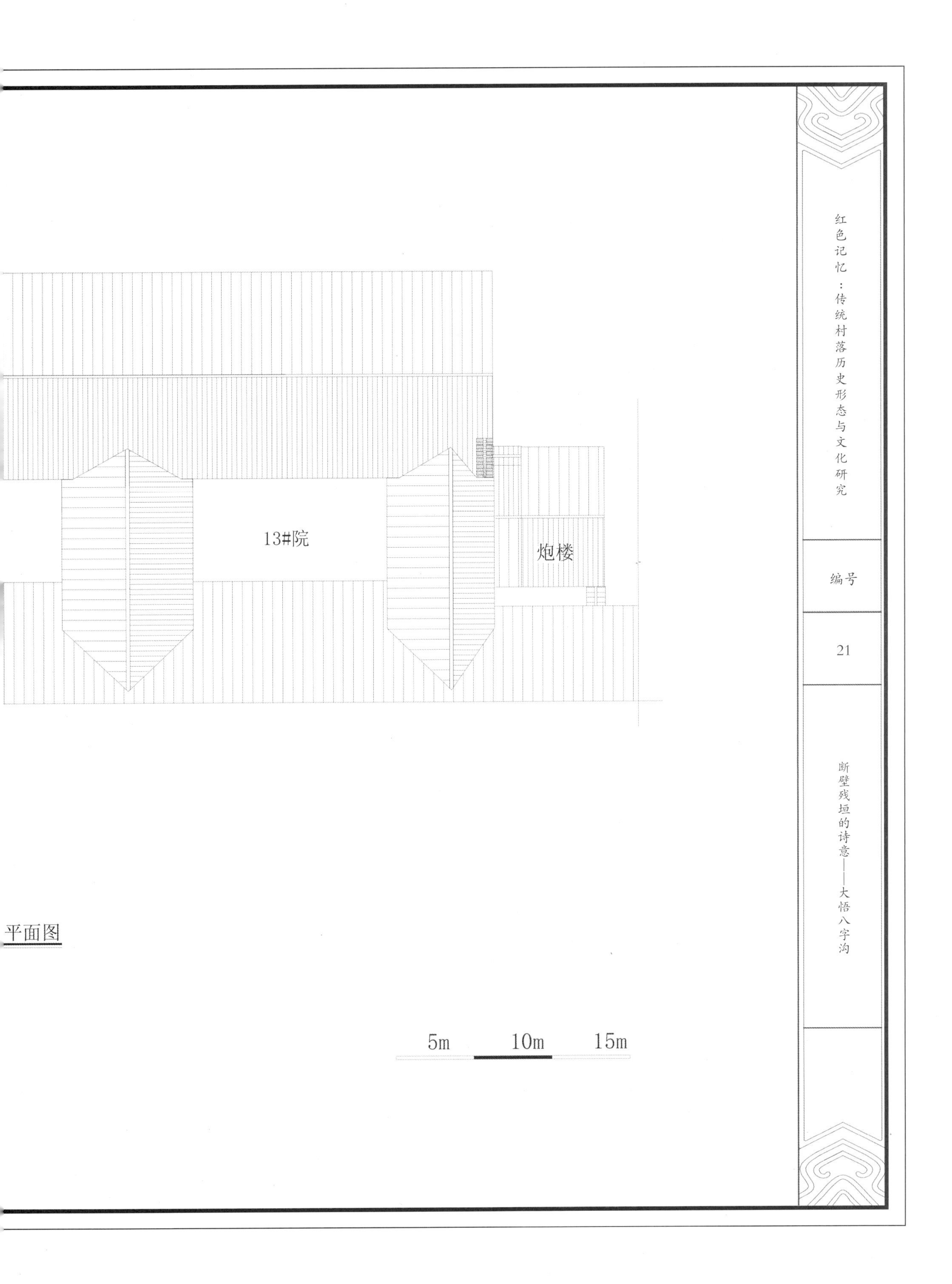
13#院
炮楼
平面图
5m
10m
15m
红色记忆：传统村落历史形态与文化研究
编号
21
断壁残垣的诗意——大悟八字沟

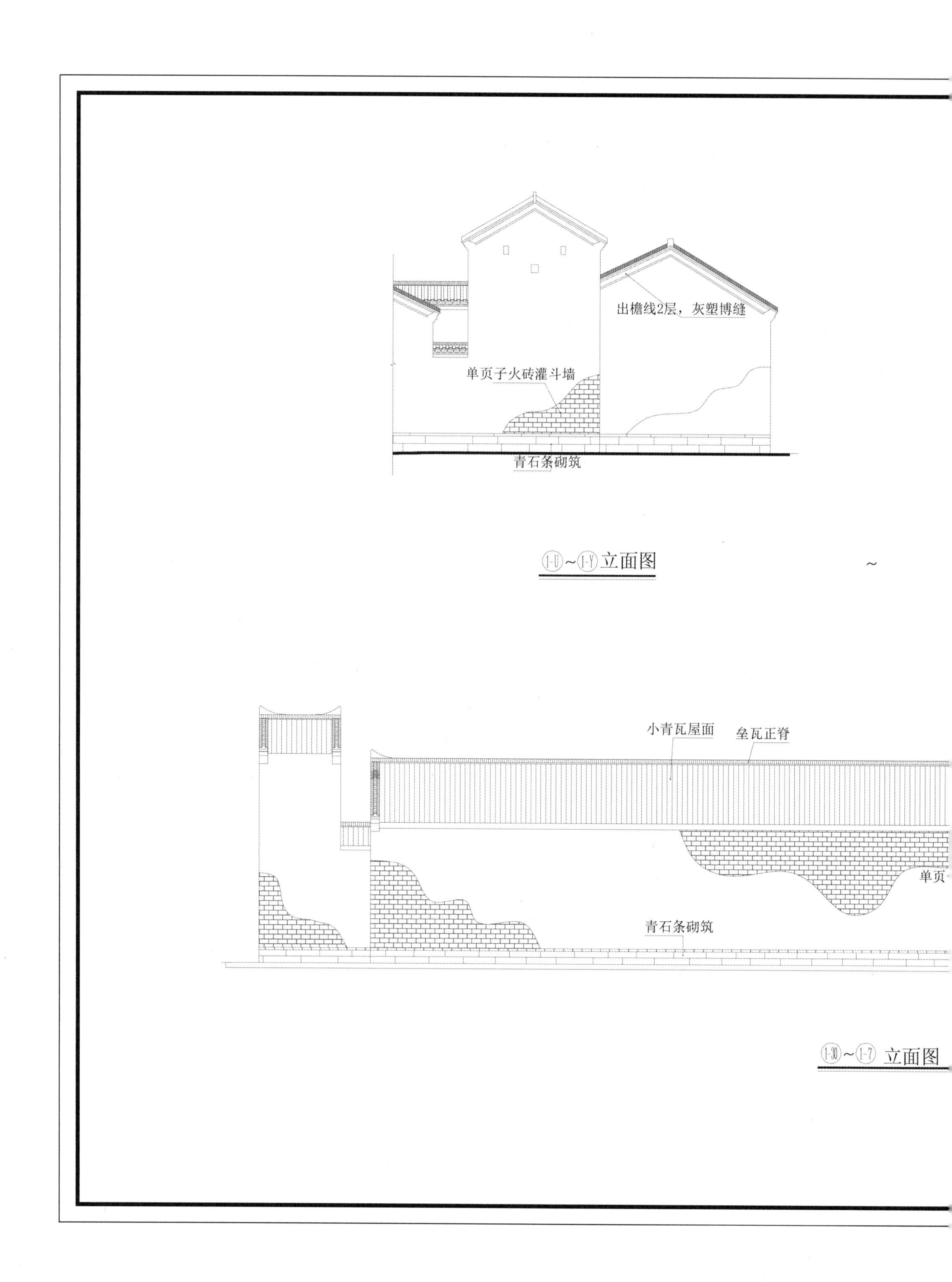
出檐线2层，灰塑博缝
单页子火砖灌斗墙
青石条砌筑
1-U~1-Y 立面图
~
小青瓦屋面
垒瓦正脊
单页
青石条砌筑
1-30~1-7 立面图

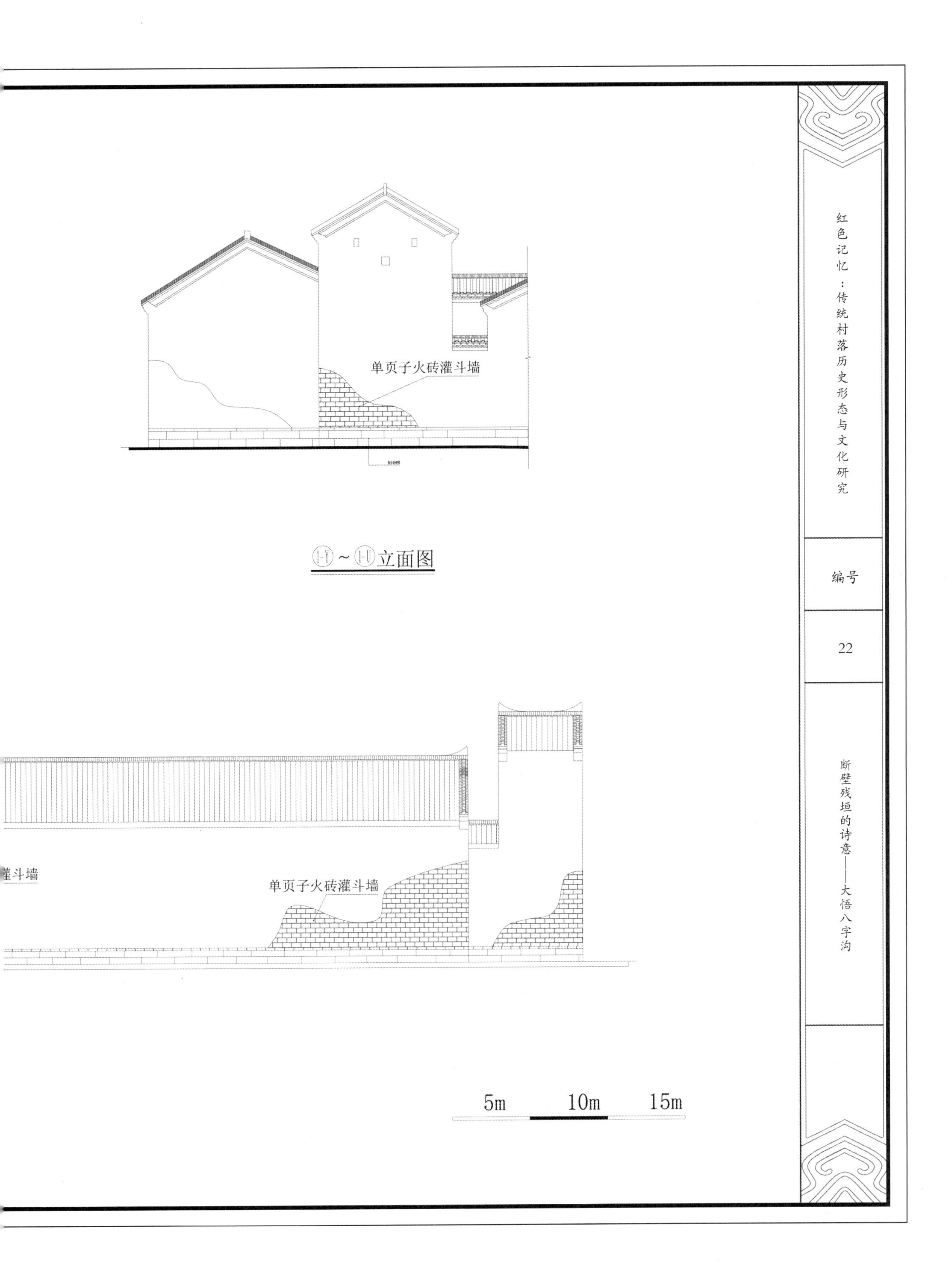
单页子火砖灌斗墙
1-Y ~ 1-U 立面图
灌斗墙
单页子火砖灌斗墙
5m
10m
15m
红色记忆：传统村落历史形态与文化研究
编号
22
断壁残垣的诗意——大悟八字沟

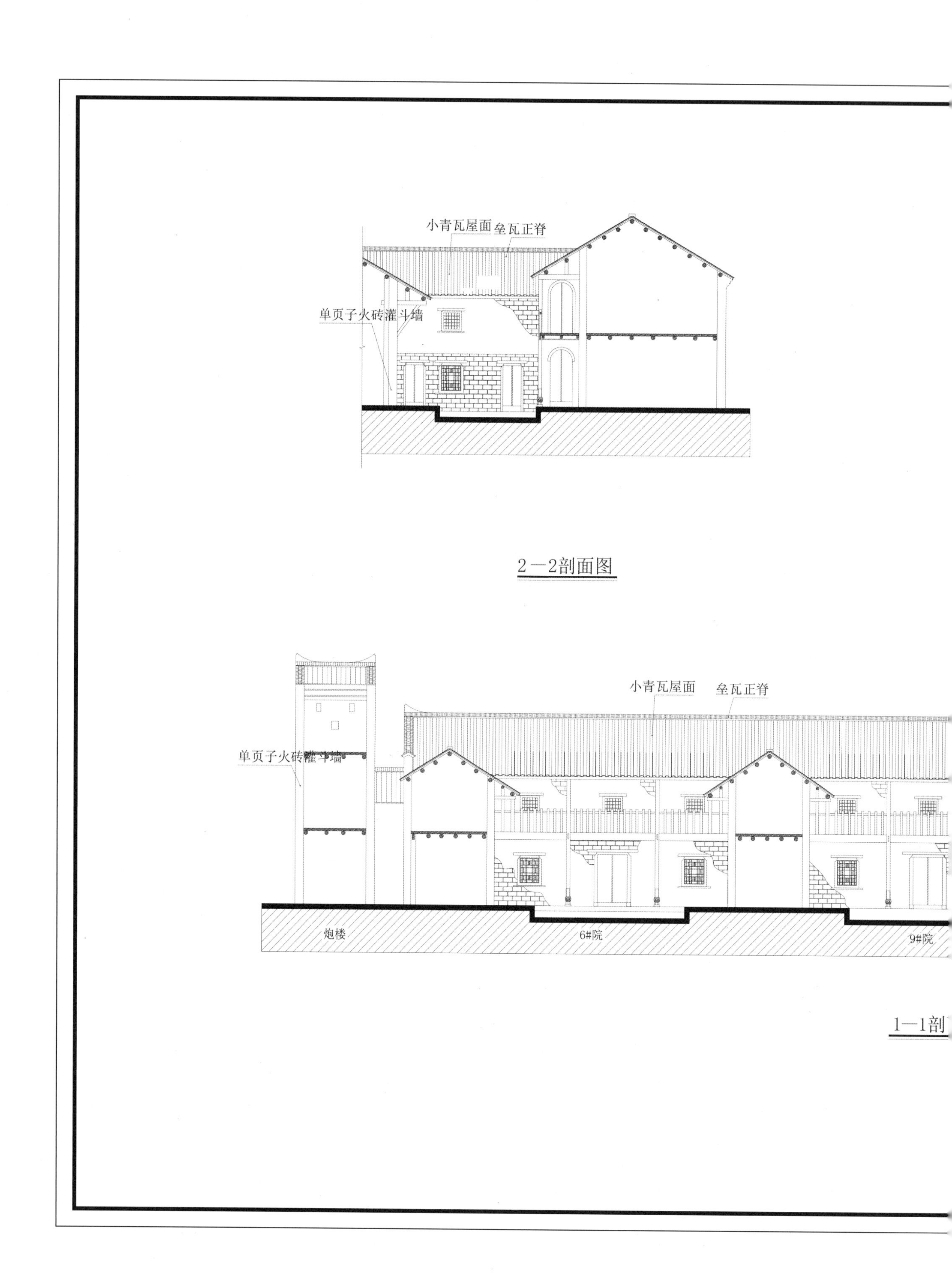
小青瓦屋面
垒瓦正脊
单页子火砖灌斗墙
2—2剖面图
小青瓦屋面
垒瓦正脊
单页子火砖灌斗墙
炮楼
6#院
9#院
1—1剖

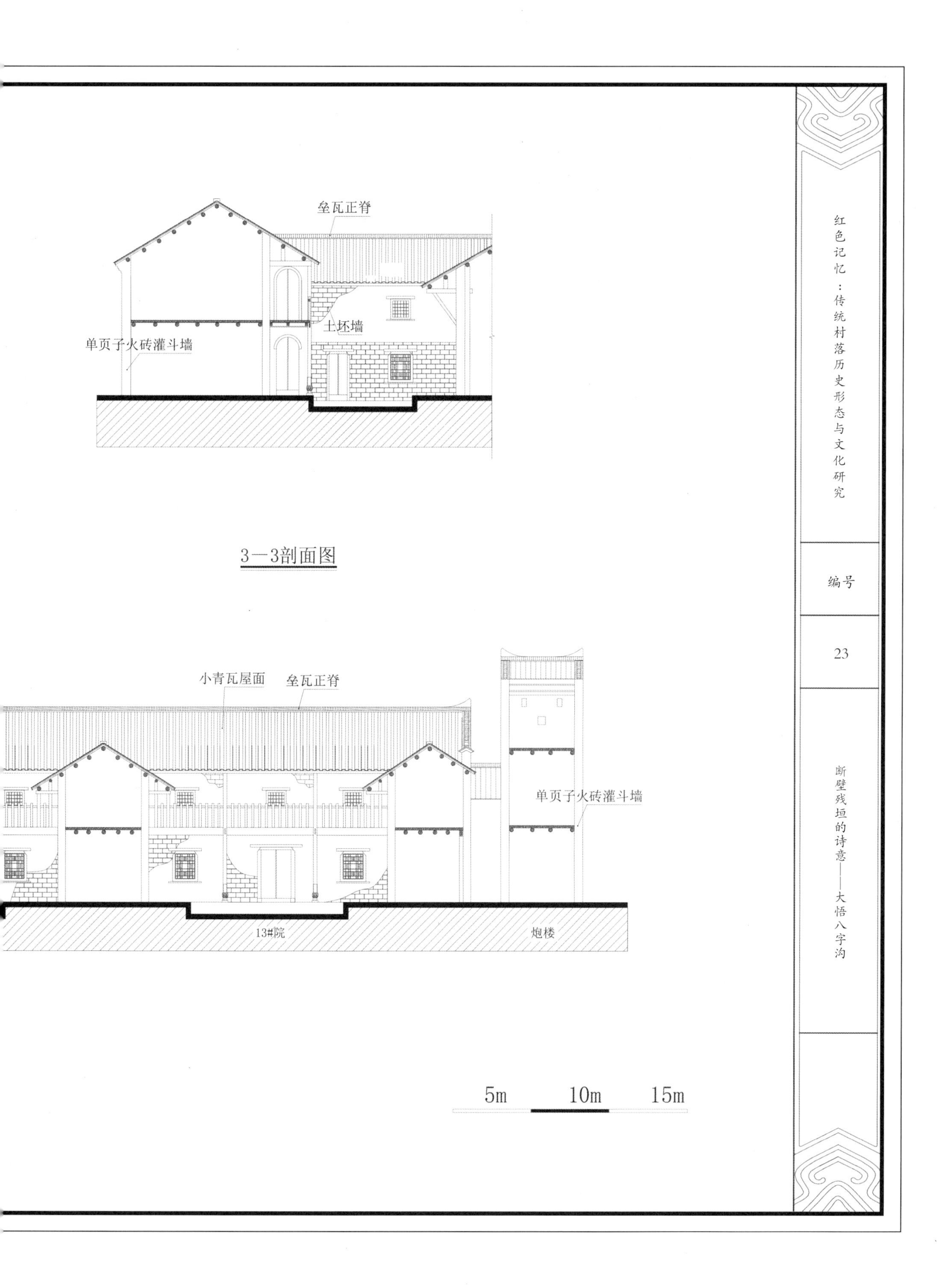
垒瓦正脊
土坯墙
单页子火砖灌斗墙
3—3剖面图
小青瓦屋面
垒瓦正脊
单页子火砖灌斗墙
13#院
炮楼
5m
10m
15m
红色记忆：传统村落历史形态与文化研究
编号
23
断壁残垣的诗意——大悟八字沟

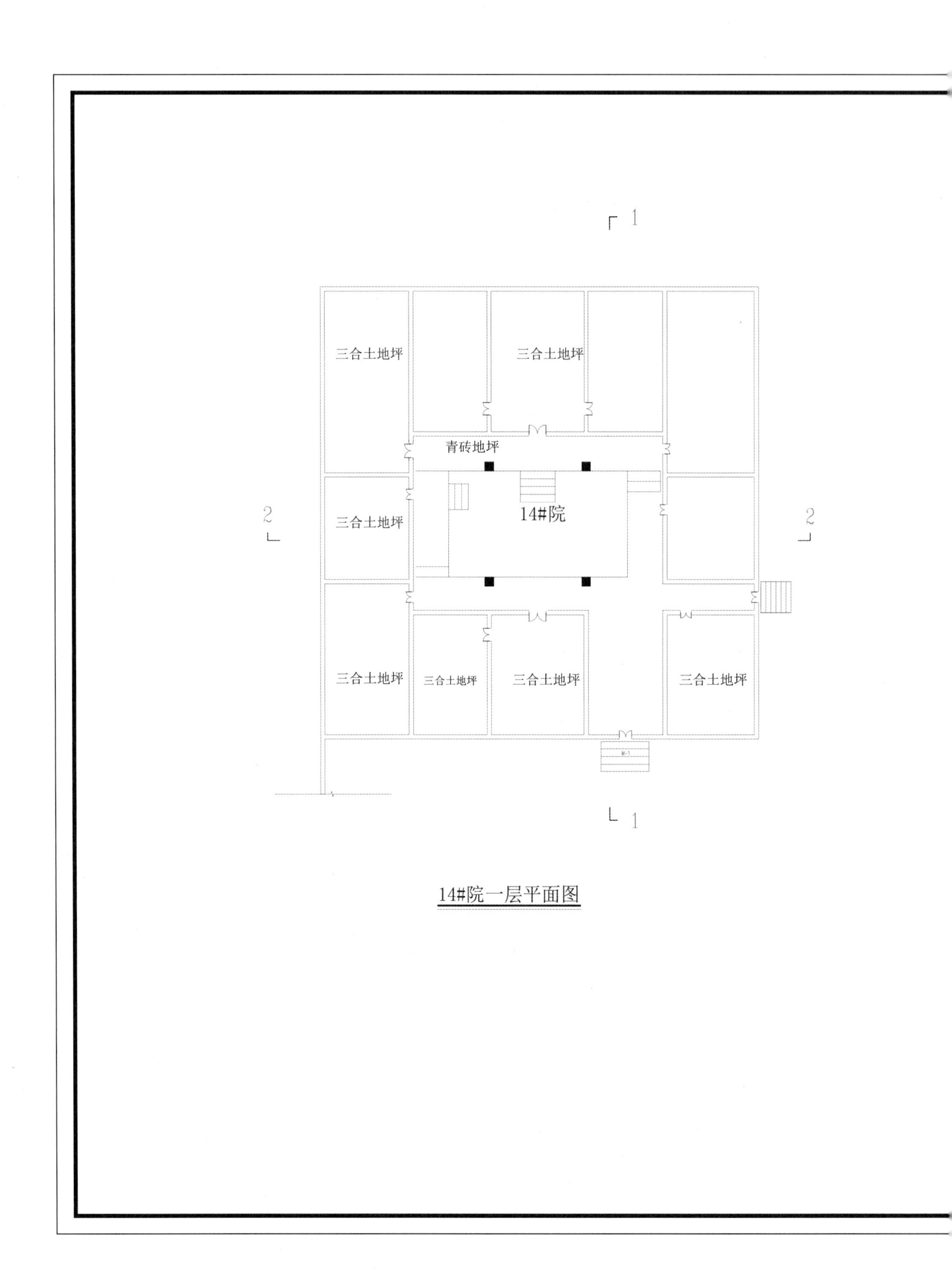
1
三合土地坪
三合土地坪
青砖地坪
2
三合土地坪
14#院
2
三合土地坪
三合土地坪
三合土地坪
三合土地坪
M-1
1
14#院一层平面图

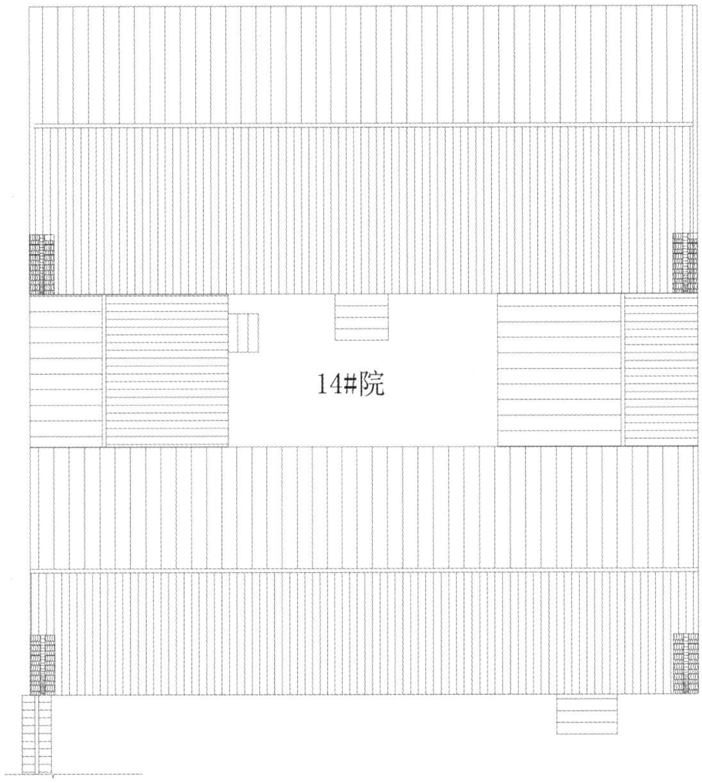

红色记忆：传统村落历史形态与文化研究

编号

24

断壁残垣的诗意——大悟八字沟

14#院

14#院屋面层平面图

5m 10m 15m

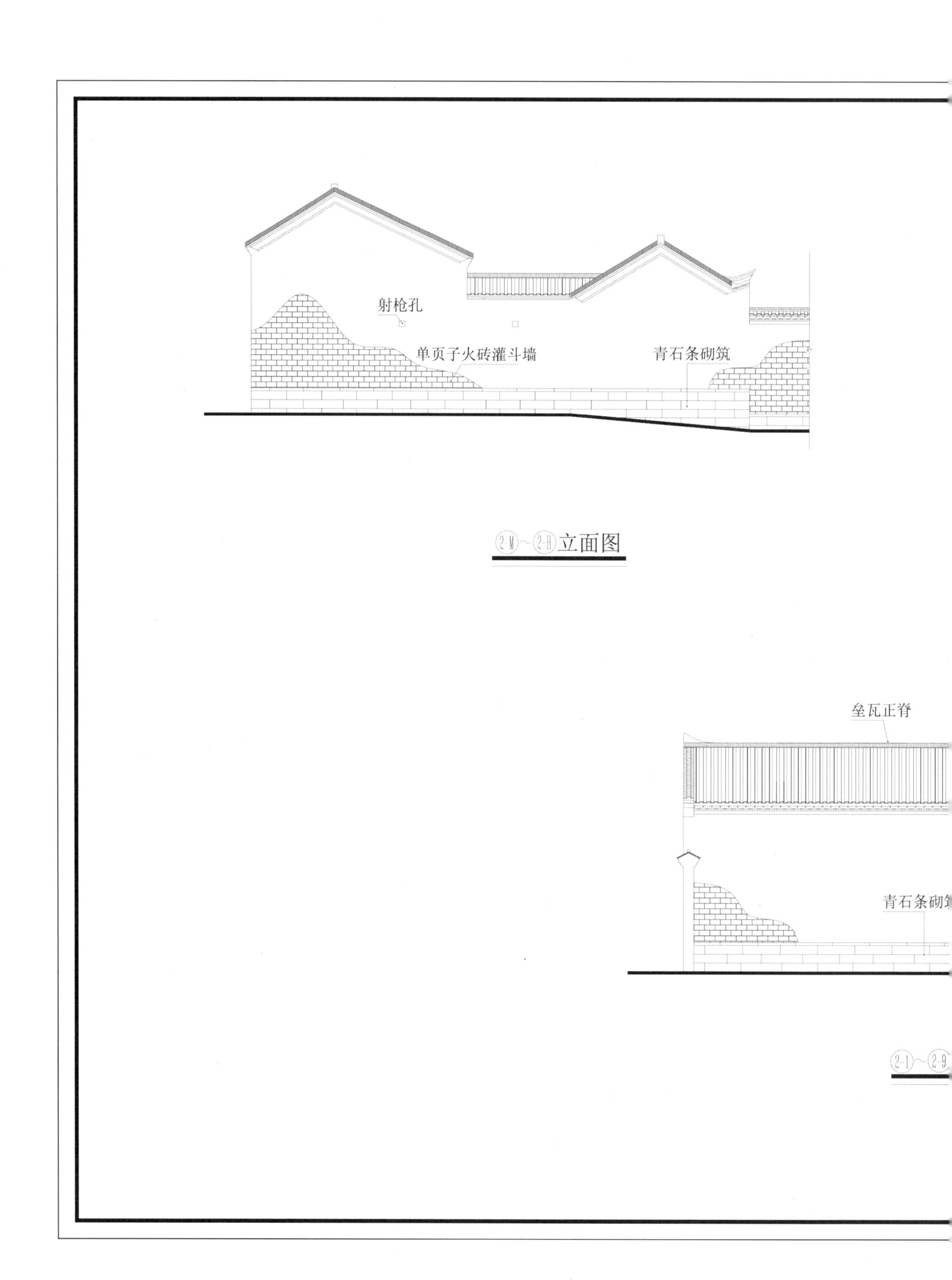
射枪孔
单页子火砖灌斗墙
青石条砌筑
②-M～②-H立面图
垒瓦正脊
青石条砌

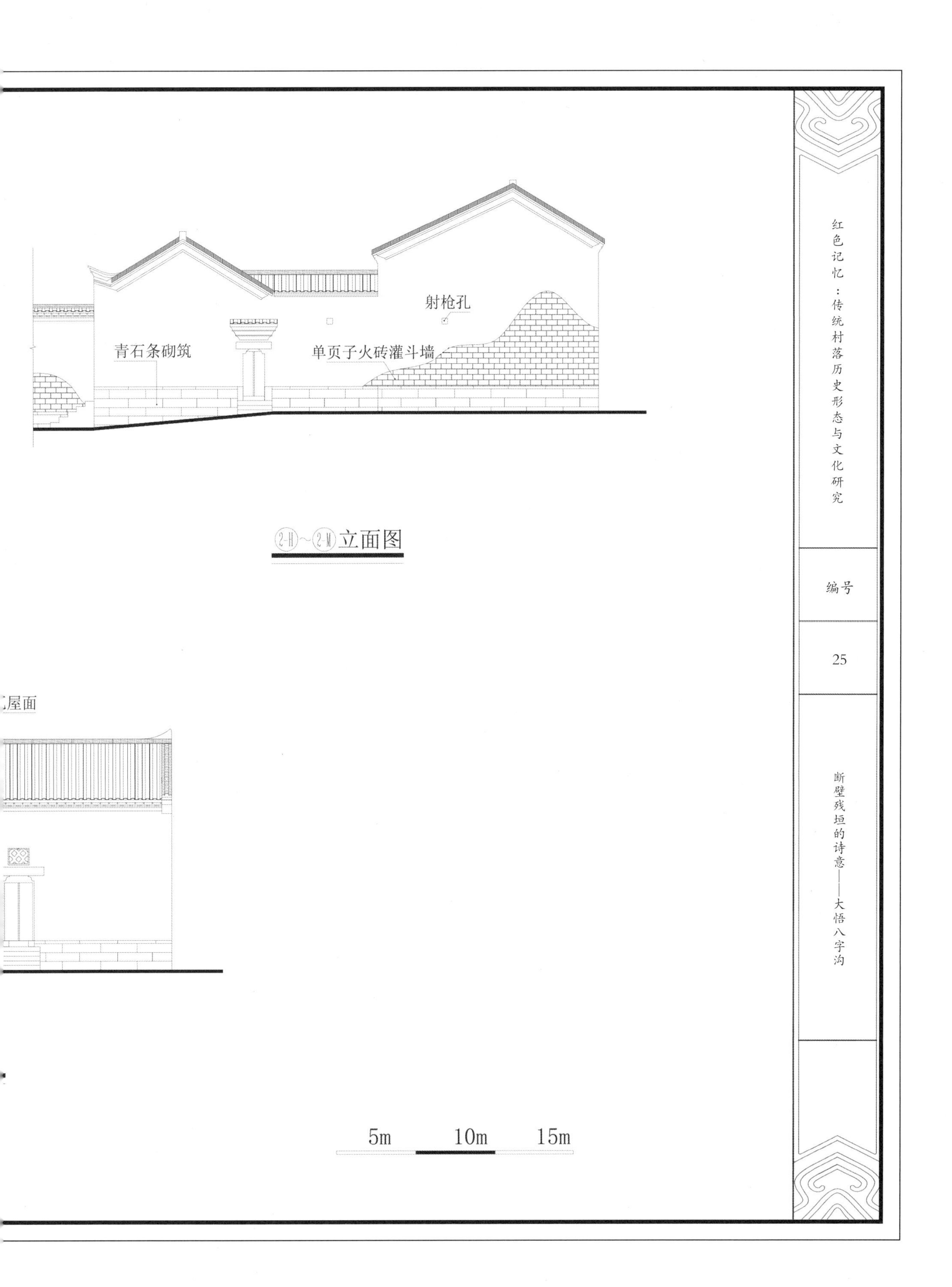
射枪孔
青石条砌筑
单页子火砖灌斗墙
2-H ~ 2-M 立面图
瓦屋面
5m
10m
15m
红色记忆：传统村落历史形态与文化研究
编号
25
断壁残垣的诗意——大悟八字沟

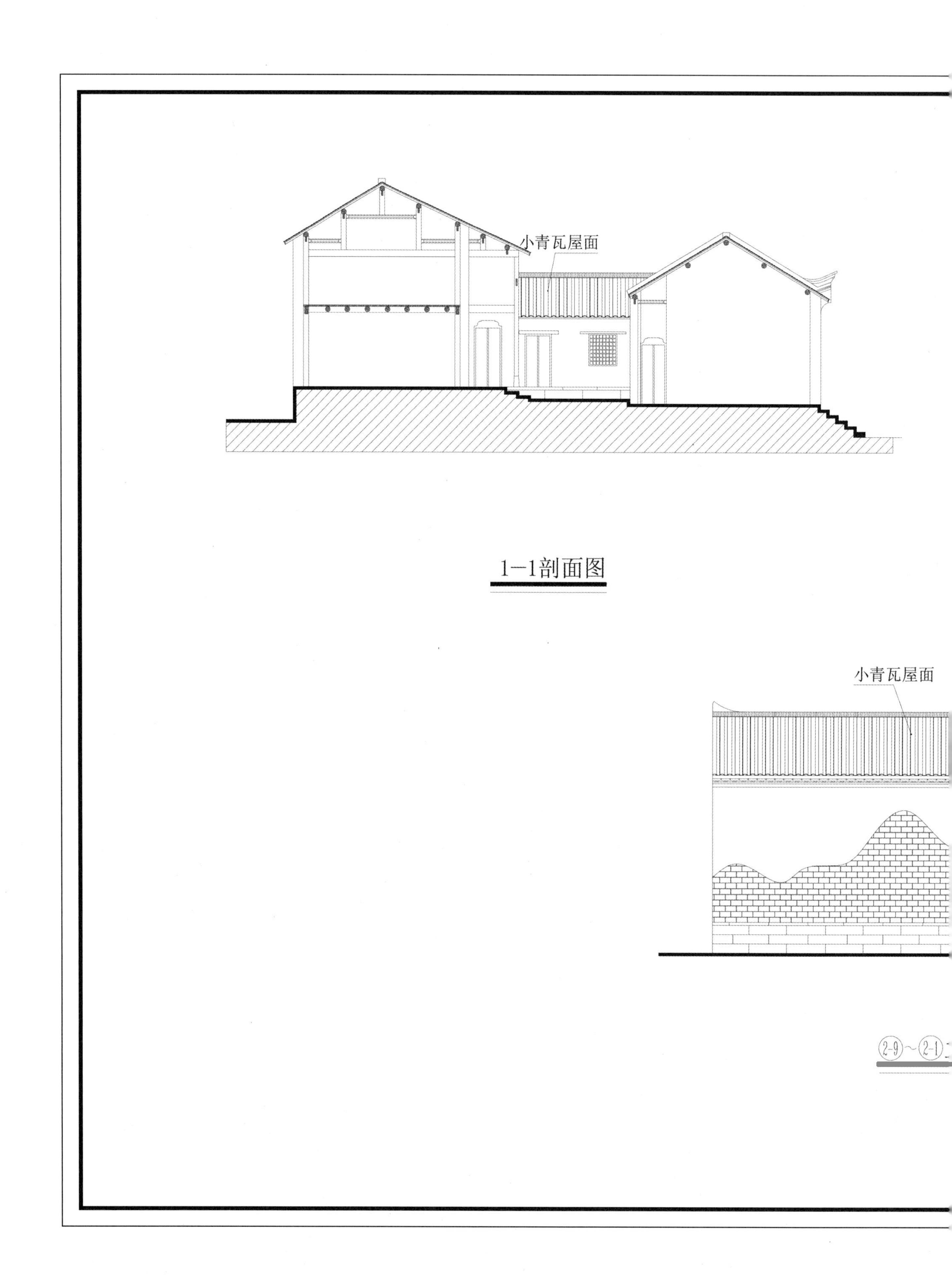
小青瓦屋面
1—1剖面图
小青瓦屋面

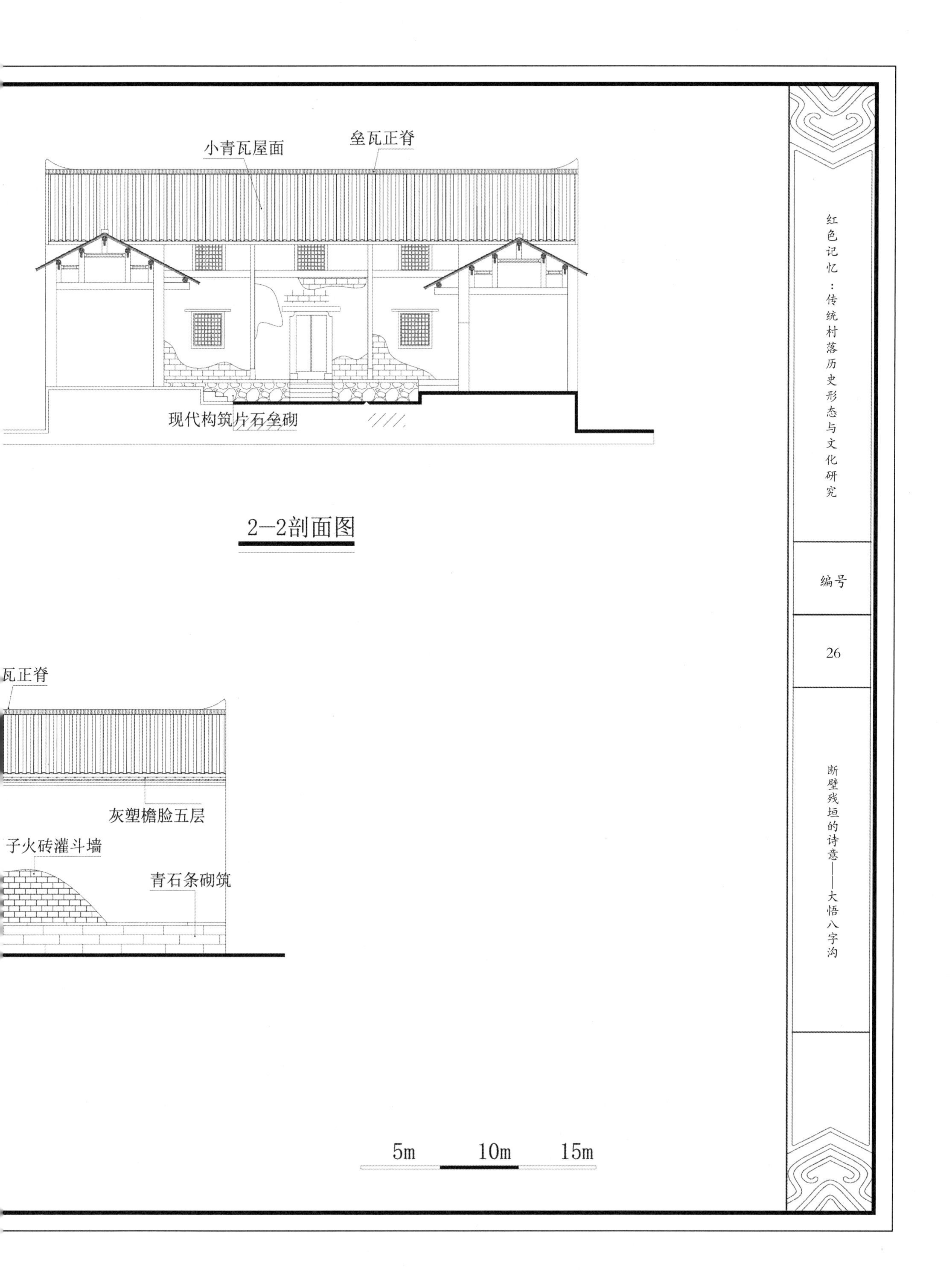
小青瓦屋面
垒瓦正脊
现代构筑片石垒砌
2—2剖面图
瓦正脊
灰塑檐脸五层
子火砖灌斗墙
青石条砌筑
5m
10m
15m
红色记忆：传统村落历史形态与文化研究
编号
26
断壁残垣的诗意——大悟八字沟

现状照片：

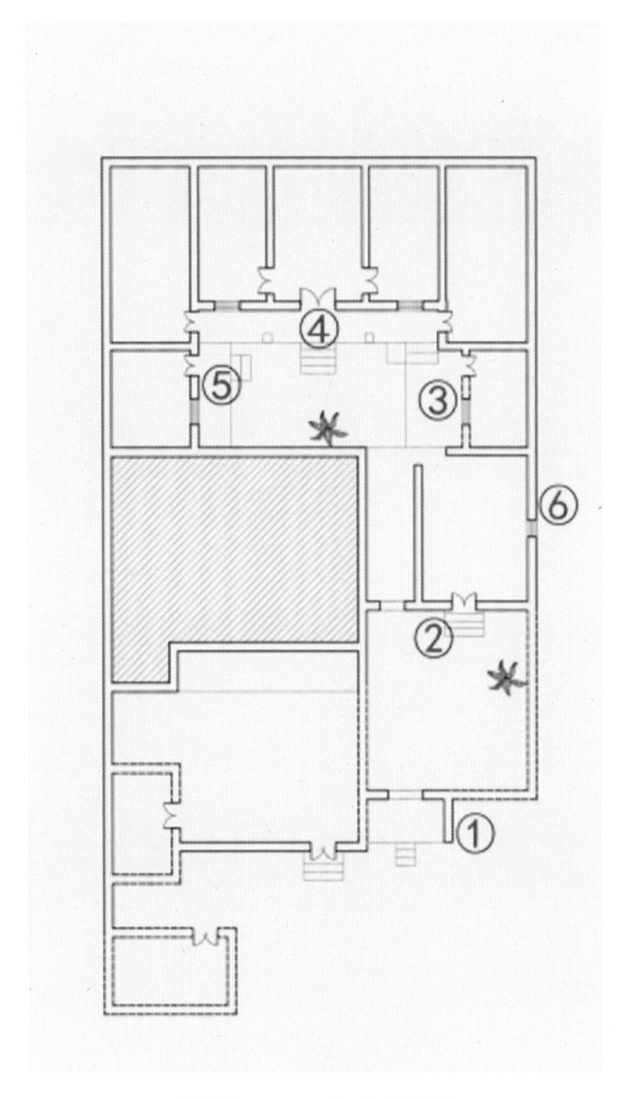

附图1　14#院残破情况

（1a）台阶局部塌陷，石料错位

（2a）木门散失，后夯土块封堵

（2e）墙体破损，墙面剥落

（3a）青石块地面，坑洼不平，石缝有杂草丛

（1b）墙体破损，墙面剥落

（1c）墙体破损，墙面剥落

（2b）外墙垮塌，后夯土块砌墙

（2c）木门发霉，破损

（2d）外墙垮塌，后夯土块砌墙

（3b）夯土块砌墙，墙面破损严重，发霉

（3c）木门发霉，破损

（3d）屋面破损

（4c）木横梁发霉，破损

（5b）木门散失

（6a）院墙垮塌

（6b）木门散失，

（4a）墙体破损，墙面剥落

（4b）木窗发霉，破损

（4d）台阶局部塌陷

（5a）墙体破损、墙面发霉，剥落

土封堵

（6c）墙面，屋檐破损，剥落严重

（6d）墙面破损，剥落严重

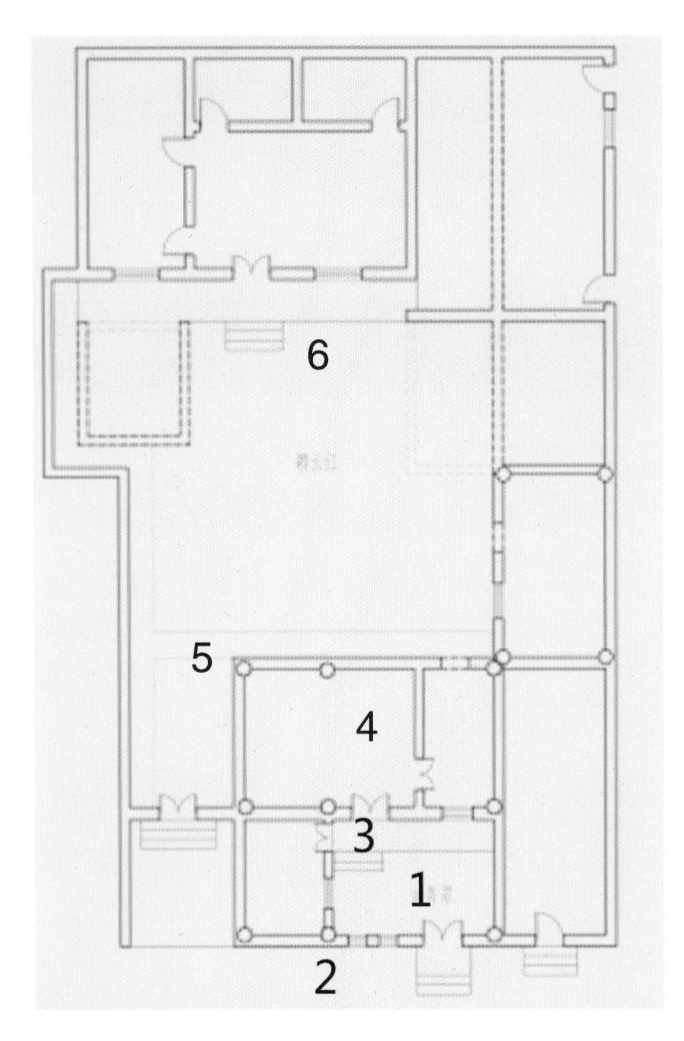

附图2　7#院残破情况

（1a）木窗损毁，墙体酥碱

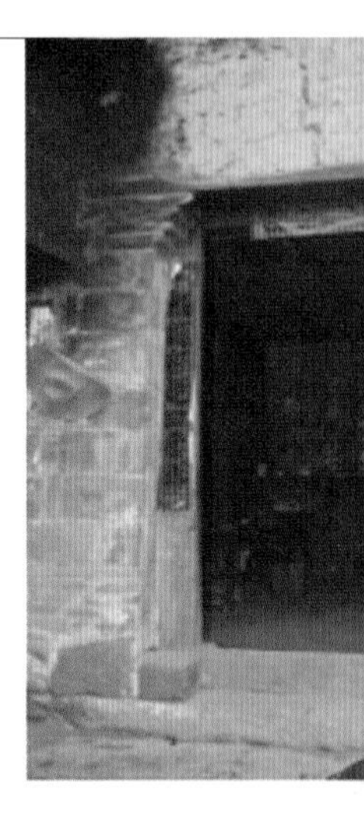

（1b）木窗损毁，墙

（2a）墙体破损、墙面剥落

（3a）石阶开裂、破损

（3b）墙角发霉、墙体开裂

污损

（1c）木窗损毁，墙体倾斜

（1d）木楼板破损

（2b）窗子破损，墙面剥落破损

（2c）墀头破损，梁架松散，糟朽

（3c）瓦面散失

（3d）木门槛磨损

（4a）梁架歪斜，木柱糟朽

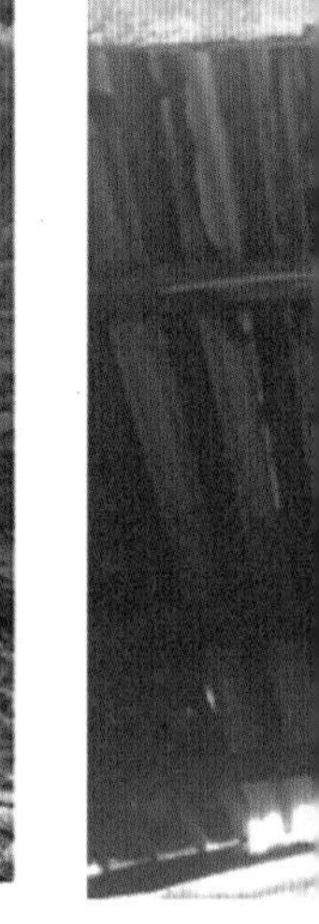

（5a）木窗磨损，墙体坍塌

（6a）院内杂草丛生

（6b）新建房屋破损严重

（4b）木窗破损，墙体酥碱

（4c）石阶破损

（4d）墙体酥碱

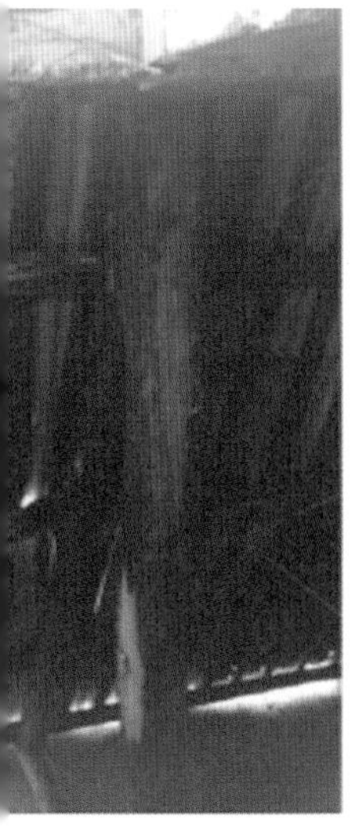

梁架开裂

（5c）墙面酥碱，剥落霉变

（5d）屋顶坍塌，墙体损毁

（6c）墙体剥落，门洞封堵

（6d）地面杂物堆积

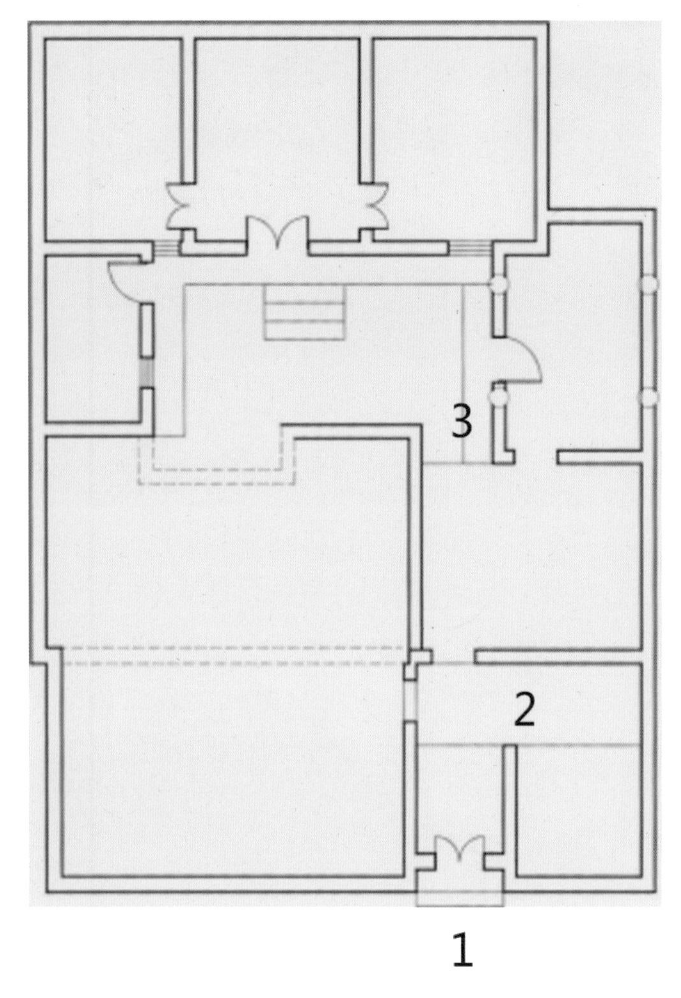

附图3　4#院残破情况

（1a）墙体酥碱，剥落霉变

（2a）门洞封堵

（3a）墙体垮塌

（3b）梁架糟朽

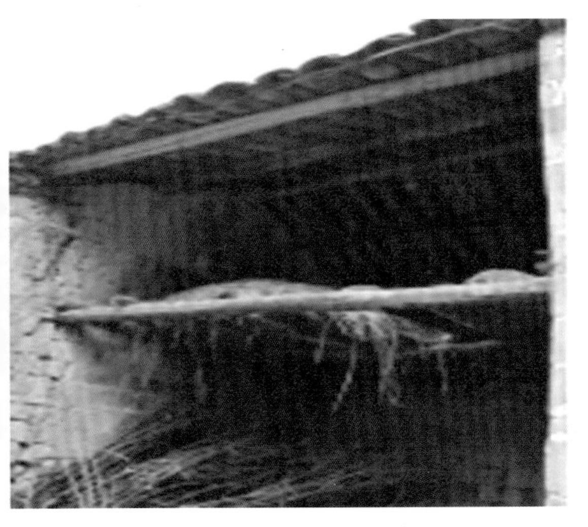

（1a）墙体酥碱，梁架槽朽

（1c）墙体部分垮塌

（2b）墙体酥碱，霉变

（2c）门洞封堵

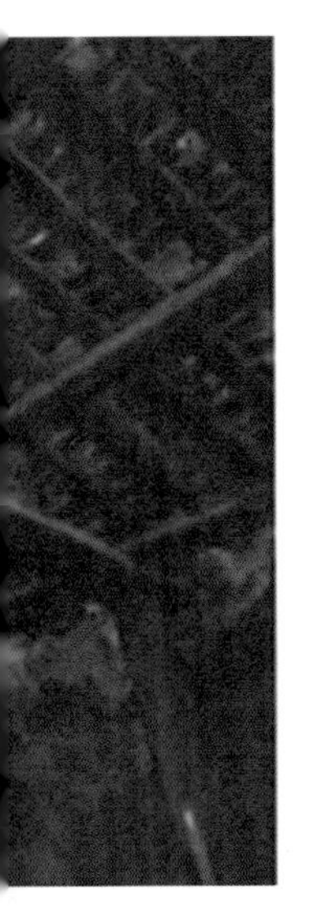

（3c）墙体剥落

（3d）台阶损坏

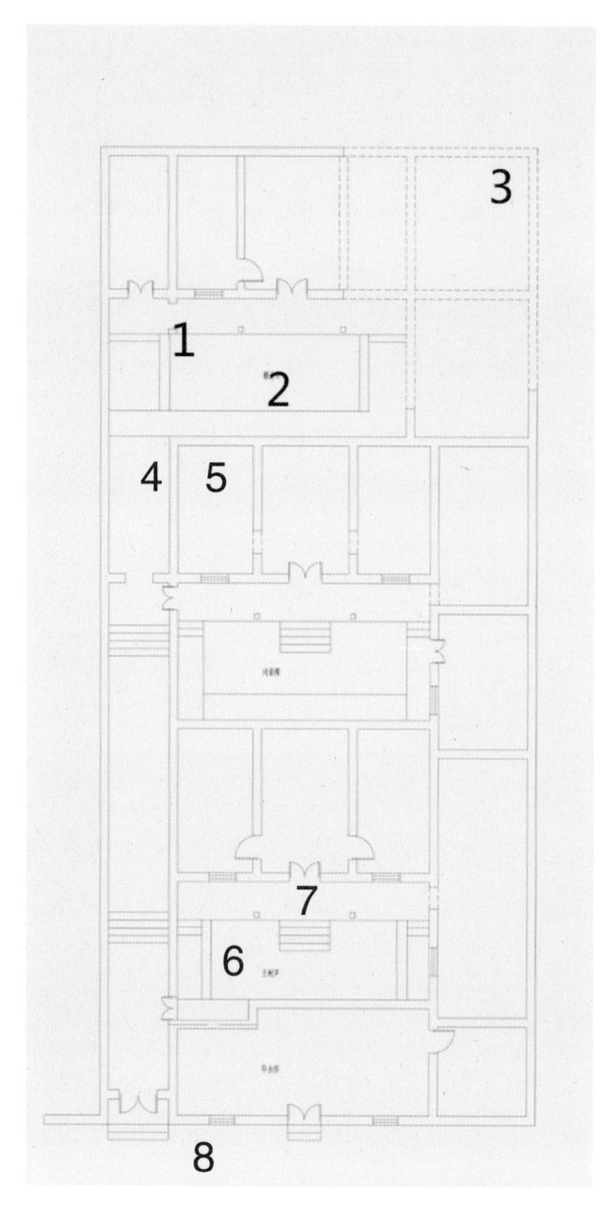

附图4　10#、11#、12#院残破情况

（1a）屋面瓦损毁，檩条风化严重腐朽，开裂

（1b）木木

（2b）檩条风化腐朽

（3c）炮台遗址处

（4a）廊道墙体坍塌，门楼破损

檩条风化严重腐朽

（1c）院落被落土覆盖，杂草丛生，杂物堆积

（2a）墙面裂落、霉变开裂

:）墙体坍塌

（3a）屋架坍塌，残留部分墙体

（3b）墙体坍塌/墙基被落土覆盖

（4b）门楼上墙体坍塌

（4c）墙体雨水侵蚀脏污

（5a）院落有杂草，墙体霉变、剥落

（6b）杂物堆积、墙面酥碱、霉变

（7b）阑额雕饰风化、腐朽

（7c）门槛腐朽、门扇破损

（5b）左边窗户破损

（6a）后加夯土墙

（6c）院落杂草，青石砖开裂

（7a）木柱腐朽

8a）立面墙体脏污、杂物堆积

（8b）立面窗户破损

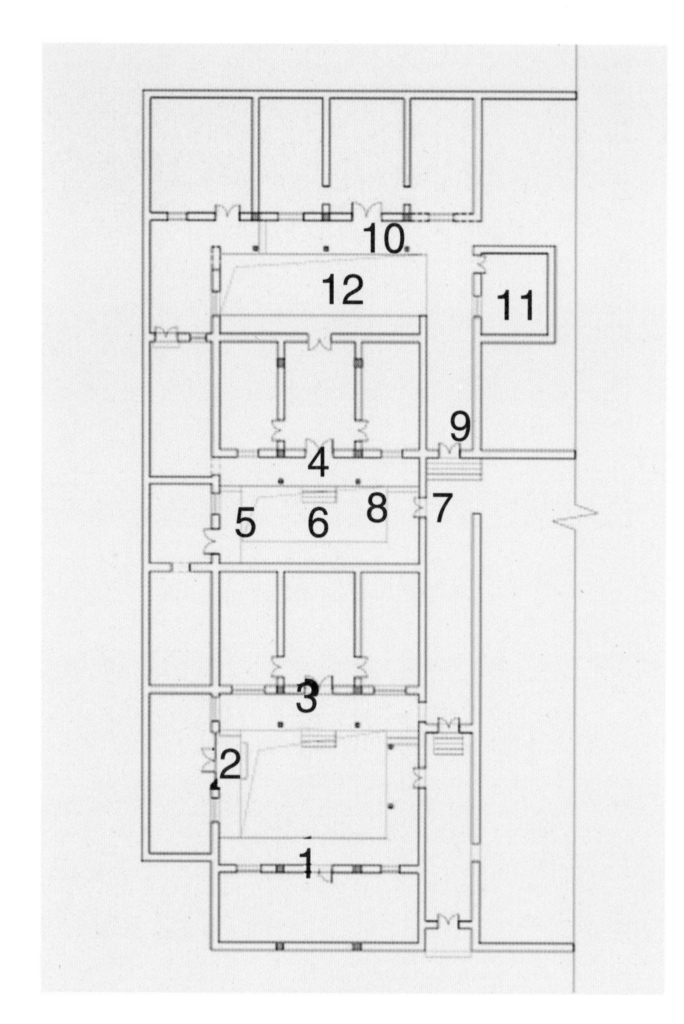

附图5　1#、2#、3#院残破情况

（1a）墙面抹灰剥落、酥碱

（2a）墙面抹灰剥落、酥碱

（3a）墙面抹灰剥落、酥碱，后新建门窗

（3b）柱础破损，毒变

（1b）木门破损，木柱腐朽

（1c）木窗腐朽

（2b）大门腐朽，门槛破损

（2c）杂物堆积，栏杆散失

（3c）木柱开裂，额枋腐朽

（3d）雀替腐朽

（4a）墙面抹灰剥落，酥碱

（5a）墙面抹灰剥落，霉变

（6）墙面抹灰剥落、酥碱

（7）墙面抹灰剥落、局部坍塌

（4b）木柱破损

（4c）柱础 破损

（4d）额枋腐朽

5b）木门腐朽门扇散失

（5c）木窗腐朽

（5d）石台阶破损、霉变

（8a）淤泥堆积、霉变

（8b）台阶破损、杂草丛生

（9）墙面抹灰剥落、开裂

（10a）墙面抹灰剥落、酉

（10e）屋架损毁

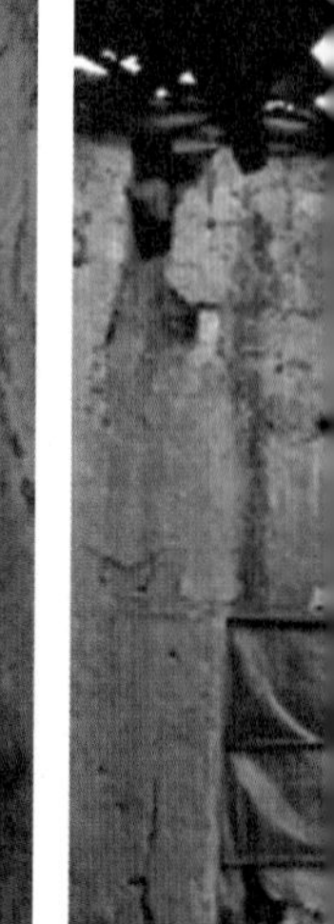

（10f）墙

（11）墙面抹灰剥落、屋架坍塌

（12a）墙面抹灰剥落、门洞封堵

（12b）檐口损毁

（10b）墙面破损、门扇损坏

（10c）墙框腐朽、窗洞封堵

（10d）墙框腐朽

窗户封堵

（10g）墙面抹灰剥落、局部损毁

（10h）墙面抹灰剥落、屋架坍塌

（13）墙面抹灰剥落、局部坍塌

（14）墙面霉变、门窗腐朽